基于BIM技术的
水电工程项目管理

王义锋 林鹏 魏鹏程 著

清华大学出版社
北 京

内 容 简 介

本书是作者多年从事水电工程项目管理实践和研究的总结,主要论述了水电工程项目管理的基本概念及其在我国的发展历程,基于 BIM 技术的水电工程项目管理的功能、组织要求、职能管理方法、建造管理方法以及 BIM 与智能建造技术的融合管理方法等。结合乌东德水电工程红梁子大桥的建设实践,介绍了基于 BIM 技术在水电工程项目管理系统的研发实现。

本书可供水利水电工程、土木工程及相近领域的工程技术人员和学者参考,也适合相关专业的本科生、研究生学习和研究基于 BIM 技术的项目建造管理基本理论方法、技术与案例。

版权所有,侵权必究。举报: 010-62782989, beiqinquan@tup.tsinghua.edu.cn。

图书在版编目(CIP)数据

基于 BIM 技术的水电工程项目管理/王义锋,林鹏,魏鹏程著. —北京: 清华大学出版社,2021.8
ISBN 978-7-302-58650-0

Ⅰ. ①基… Ⅱ. ①王… ②林… ③魏… Ⅲ. ①水利水电工程-工程项目管理-应用软件 Ⅳ. ①TV5

中国版本图书馆 CIP 数据核字(2021)第 142451 号

责任编辑:张占奎
封面设计:陈国熙
责任校对:赵丽敏
责任印制:丛怀宇

出版发行:清华大学出版社
网　　址:http://www.tup.com.cn, http://www.wqbook.com
地　　址:北京清华大学学研大厦 A 座　　邮　编:100084
社 总 机:010-62770175　　邮　购:010-62786544
投稿与读者服务:010-62776969, c-service@tup.tsinghua.edu.cn
质量反馈:010-62772015, zhiliang@tup.tsinghua.edu.cn
印　刷　者:三河市铭诚印务有限公司
装　订　者:三河市启晨纸制品加工有限公司
经　　销:全国新华书店
开　　本:185mm×260mm　　印　张:13　　字　数:275 千字
版　　次:2021 年 9 月第 1 版　　印　次:2021 年 9 月第 1 次印刷
定　　价:98.00 元

产品编号:089578-01

本书作者

王义锋　林　鹏　魏鹏程
魏　然　刘元达

序

PREFACE

　　水电、风电和太阳能等清洁能源是我国能源结构调整的重要支柱,是替代化石能源的必然选择,关系到国家能源的可持续发展,是国民经济建设的基础性产业。我国水力资源总量丰富,理论蕴藏量年电量为 $6.08\times10^{12}\,\mathrm{kW\cdot h}$,经济可开发装机容量 $4.02\times10^{8}\,\mathrm{kW}$,年发电量 $1.75\times10^{12}\,\mathrm{kW\cdot h}$,居世界首位。中华人民共和国成立以来,尤其是近 40 年,我国水电建设有了长足的进步和发展。水电装机从 1949 年 $1.63\times10^{6}\,\mathrm{kW}$、1978 年 $1.728\times10^{8}\,\mathrm{kW}$,到 2004 年 $1\times10^{8}\,\mathrm{kW}$,2014 年 $3\times10^{8}\,\mathrm{kW}$,2019 年 $3.56\times10^{8}\,\mathrm{kW}$,约占全球水电总装机的 29%,约占我国能源结构的 18%,在支撑国民经济发展中发挥了重要作用。

　　水电工程项目建设过程经常受到地质条件、水文气象、当地宗教和民俗以及政府监管的制约,建设管理的复杂性远高于其他公共设施建设项目,水电工程建设管理是项目管理的典型应用领域之一。相比于水电工程项目的工程技术的发展,管理学科的发展存在滞后。

　　水电工程项目技术复杂、受环境和政策影响大、建设工期长、投资巨大、涉及技术专业众多、作业立体交叉、安全风险高,实施科学管理,对水电工程建设周期、经济评价、组织形式和组织文化进行统筹规划,可以带来巨大的效益。

　　项目是为了创造独特的产品、服务或成果进行的临时性工作。水电工程项目建设一般分为前期、实施、运维和退役拆除等阶段。大型水电工程前期阶段和实施阶段一般会持续 10~20 年,运维阶段和退役拆除时间可持续超过 100 年。自从 20 世纪 50 年代以来,我国水电工程项目管理经历了较为艰难的发展过程,尽管长期存在重技术、轻管理的思想,但是项目管理方法和模式在不断的创新中与水电工程项目管理需要相适应。我国水电工程建设管理主要经历了五个时期:中华人民共和国成立之初期至 20 世纪 80 年代初的传统体制阶段;80 年代中期的现代体制萌芽阶段;80 年代后期,全国推广鲁布革经验,"鲁布革冲击"引起了我国工程建设管理体制、市场经济观念、生产力发展中生产关系的巨大变革;90 年代至 21 世纪初,以三峡工程建设为代表的符合社会主义市场经济要求的建设管理体制阶段;21 世纪初至今以溪洛渡、乌东德、白鹤滩等巨型电站为代表,将数字化、信息化和智能化等技术与管理深度融合创新管理阶段。

建筑信息模型(building information modeling,BIM)起源于"building model"一词,最早在 1986 年由 Ruffle 和 Aish 提出,并在伦敦希思罗机场的建造中使用。但是之后一直没有得到广泛应用,直到 2002 年 Autodesk 发表了 BIM 白皮书,并用它来描述那些以三维图形为主、物件导向、建筑学有关的计算机辅助设计,BIM 才在工程设计、管理、建造过程中逐渐得到应用,并且不断融合新的数据、信息技术和管理方法。在应用的过程中,人们逐渐意识到 BIM 技术应用使工程建设安全、质量、成本等管理要素得以优化。

随着感知物联、移动互联、数据分析、人工智能及自动控制等技术的进步,且其与管理的深度融合,水电工程数字化建造、智能建造进入一个新的阶段。更好地应用 BIM 技术实施水电工程项目管理是未来重要的发展方向。BIM 技术可以避免传统职能管理中各个部门之间联系不紧密的难题,使这些工作的数据产生、传输、处理、应用的方式发生颠覆性改变。利用 BIM 系统实现水电工程施工、监理的全过程管理,是提高工程建设效率和建设质量,实现项目的进度、质量、安全控制,降低施工风险,加强建设过程信息化综合管理水平,促进精细化管理的重要途径。本书作者在多年的水电工程项目管理实践基础上,将 PMP 项目管理知识体系与 BIM 技术结合起来,提出了以 BIM 信息化技术为基本管理手段的水电工程项目管理理论、方法以及组织形式,构建了一套新的项目管理工具,通过三维模型实现数据可视化,改变了传统表单式的数据系统,实现了项目管理数据处理的快捷、扁平化和共享,但仍然继承了项目管理关于进度、费用、质量的传统价值观。

基于 BIM 技术的水电工程项目管理,最基础的工作是建立工程的 BIM 模型。由于水电工程项目没有两个完全一样的,自然环境、水电站建筑物布置和机电设备选型各不相同,需要个性化构建 BIM 模型、专门定制适合自身的 BIM 管理工具系统。本书首次提出"模型粒度"的概念,以适应管理标准为前提,同时兼顾各相关方的需求。此外,建模工具和管理信息系统的选择和配套也十分重要,需要充分论证、谨慎组织。

本书基于 PMP 项目管理知识体系与 BIM 技术结合,以乌东德水电站工程对外交通项目——洪门渡大桥和红梁子大桥作为示范项目,洪门渡大桥为研发阶段试验项目,红梁子大桥为使用阶段试验平台。通过应用验证了基于 BIM 技术的水电工程项目管理方法的有效性,探讨基于 BIM 技术对未来我国水电工程建设运行管理的思考,取得较好管理效果。在应用过程中作者对基于 BIM 项目管理的认识和思考也逐步加深,包括:

(1) 构建核心价值、行为规范、形象识别一体的组织文化,对项目管理而言,组织领导者一定要旗帜鲜明地宣示组织的价值观;

(2) 明确项目在组织战略中的地位是项目管理工作的前提;

(3) 创造拥有一个强大的愿景、一个明确的目标定位、建立各方强有力的承诺并能选择最佳执行方法的项目团队;

(4) 组织领导者是复合型高素质领军人才;

(5) 构建项目管理"三分三合"的内容结构,管理的实质就是计划、组织、指挥与控制,核

心就是把握好管理的"三分三合"。("三分"即分解、分工、分配,"三合"则为"合情、合理、合规");

(6) 把握项目管理的"变化""匹配""有力""顺畅""适度"五个要义;

(7) 厘清项目计划中"应做什么""能做什么""想做什么"的关系;

(8) 基于 BIM 的水电工程项目管理智能化是实现项目高效协同、降本增效、价值创造的保障和基石。

BIM 的应用成功与否,受到应用者个人能力、环境、组织和支撑技术等因素影响。目前我国在进行 BIM 技术应用的过程中仍存在行业体制不健全、标准不完善、缺乏协同管理和全生命期集成等问题,需从国家和行业层面健全相关标准法规,并不断增强 BIM 系统软件的兼容性,促进 BIM 在项目全生命周期的综合应用。基于 BIM 的水电工程项目管理实质是将 BIM 的技术架构和扁平化、可视化的运行方式及行为准则全面运用到水电工程建设的复杂项目管理实践中,并且两者交互作用、协调发展。

当前,我国正在加快西南地区水电工程的开发利用,积极推进雅鲁藏布江下游水电工程的规划建设,水电工程项目管理面临重大挑战。结合国家"十四五"规划和 2035 年远景目标中涉及的推进新型基础设施、新型城镇化、交通水利等重大工程建设,实施川藏铁路、西部陆海新通道、国家水网、雅下水电开发等重大工程建设,利用好 BIM 技术尤其重要,也是未来智能建造与管理的发展方向。

本书缘起于作者的工程项目管理实践,工作中得到三峡集团领导、同事和朋友们的支持和帮助,乌东德工程建设部的荣玉玺、魏然、刘元达、巩朝、马中刚、柳菲菲、彭正等同志是洪门渡大桥和红梁子大桥实例中的管理者,书中部分观点是与他们共同工作的经验总结和智慧结晶,其中魏然、刘元达两位同志还直接参与了本书的编写,在此致以诚挚的感谢!

作　者
庚子年岁末

目录

第1章 水电工程项目管理发展 … 1

1.1 科学管理与项目管理发展 … 1
- 1.1.1 管理与项目管理概念 … 2
- 1.1.2 项目管理国外发展趋势 … 4
- 1.1.3 项目管理国内发展历程 … 7

1.2 我国水电工程项目管理发展 … 9
- 1.2.1 发展阶段 … 9
- 1.2.2 发展趋势 … 11

参考文献 … 12

第2章 水电工程项目管理基本概念 … 15

2.1 项目生命周期与划分 … 15
- 2.1.1 项目周期 … 15
- 2.1.2 项目划分 … 16
- 2.1.3 项目生命周期与项目过程组 … 17

2.2 项目管理五大过程 … 19
- 2.2.1 启动过程组 … 19
- 2.2.2 规划过程组 … 20
- 2.2.3 执行过程组 … 21
- 2.2.4 控制过程组 … 22
- 2.2.5 收尾过程组 … 22

2.3 项目管理前期工作与经济评价 … 23
- 2.3.1 前期工作 … 23
- 2.3.2 投资项目财务评价 … 25

	2.3.3 国民经济评价	27
	2.3.4 绝对经济效益评价指标	28
	2.3.5 相对经济效益评价指标	30
2.4	项目组织与文化	31
	2.4.1 项目组织形式	31
	2.4.2 项目组织文化	32
	2.4.3 项目相关方	33
参考文献		34

第3章 BIM 基本概念及发展   35

3.1	BIM 基本概念	35
	3.1.1 BIM 基本定义	35
	3.1.2 BIM 特征	37
	3.1.3 BIM 功能	38
	3.1.4 BIM 标准	40
	3.1.5 BIM 技术的优势及局限	41
3.2	BIM 应用发展及案例	43
	3.2.1 国外发展情况	43
	3.2.2 我国 BIM 技术发展及工程案例	46
3.3	水电工程应用 BIM 案例	48
	3.3.1 设计阶段	48
	3.3.2 施工阶段	52
	3.3.3 运维阶段 BIM	54
参考文献		55

第4章 基于 BIM 的水电工程项目组织管理   57

4.1	水电工程项目管理与 BIM 技术融合的必要性	57
4.2	基于 BIM 水电工程项目管理功能要求	59
	4.2.1 模型管理	60
	4.2.2 安全管理	61
	4.2.3 质量管理	62
	4.2.4 进度管理	63
	4.2.5 成本管理	65
	4.2.6 资源管理	65

　　　　4.2.7　虚拟现实 ··· 65
　4.3　基于 BIM 水电平台架构及组织要求 ··· 66
　　　　4.3.1　基于 BIM 系统的水电平台架构 ····································· 66
　　　　4.3.2　基于 BIM 管理的水电组织要求 ····································· 67
　4.4　基于 BIM 的水电工程项目管理组织形式 ·································· 68
　　　　4.4.1　基于 BIM 的职能组织结构 ·· 68
　　　　4.4.2　基于 BIM 的线性组织结构 ·· 69
　　　　4.4.3　基于 BIM 的矩阵型组织结构 ··· 70
　　　　4.4.4　参建各方协同作业 ·· 71
　　　　4.4.5　基于 BIM 的项目管理模式 ·· 72
　参考文献 ··· 73

第 5 章　基于 BIM 的水电工程项目职能管理方法 ························· 74

　5.1　综合管理 ·· 74
　　　　5.1.1　制定水电工程项目章程 ·· 76
　　　　5.1.2　制定水电工程项目初步范围说明书 ································· 77
　　　　5.1.3　制定水电工程项目管理计划 ··· 78
　　　　5.1.4　指导与管理项目执行 ·· 78
　　　　5.1.5　监控项目工作 ··· 79
　　　　5.1.6　整体变更控制 ··· 79
　　　　5.1.7　项目收尾 ··· 80
　5.2　范围管理 ·· 80
　　　　5.2.1　范围规划 ··· 80
　　　　5.2.2　范围确定 ··· 82
　　　　5.2.3　制定工作分解结构 ·· 82
　　　　5.2.4　范围验收 ··· 82
　　　　5.2.5　范围控制 ··· 82
　5.3　沟通管理 ·· 83
　　　　5.3.1　沟通规划 ··· 84
　　　　5.3.2　信息发布 ··· 85
　5.4　人力资源管理 ··· 86
　　　　5.4.1　人力资源规划 ··· 87
　　　　5.4.2　项目团队组建、建设与管理 ··· 87
　5.5　水库移民管理 ··· 88

参考文献 ·· 89

第6章 基于BIM的水电工程项目建造管理方法 ·· 90

6.1 设计管理 ·· 90
6.1.1 设计建模 ··· 91
6.1.2 设计变更 ··· 91
6.1.3 设计审核 ··· 92
6.1.4 文件管理 ··· 92
6.1.5 施工模拟 ··· 92

6.2 采购管理 ·· 92
6.2.1 采购计划 ··· 94
6.2.2 采购招投标 ·· 95
6.2.3 采购合同管理 ··· 95
6.2.4 采购合同收尾 ··· 96

6.3 施工管理 ·· 96

6.4 安全和风险管理 ·· 97
6.4.1 风险管理的基本概念 ··· 97
6.4.2 项目风险管理规划 ·· 98
6.4.3 风险识别 ··· 99
6.4.4 定性风险分析 ·· 101
6.4.5 定量风险分析 ·· 103
6.4.6 风险应对规划 ·· 104
6.4.7 风险监控 ··· 105
6.4.8 基于BIM的水电工程项目风险库管理优势分析 ···································· 105

6.5 质量管理 ·· 107

6.6 进度管理 ·· 108
6.6.1 主要内容与管理核心 ·· 108
6.6.2 水电工程项目的进度管理 ··· 108

6.7 费用管理 ·· 111
6.7.1 项目成本管理规划 ·· 112
6.7.2 项目成本估算 ·· 112
6.7.3 项目成本预算 ·· 113
6.7.4 成本控制 ··· 113
6.7.5 挣值原理 ··· 114

　　　　6.7.6 挣值法预测原理 …………………………………………………… 117

　6.8 数据管理 …………………………………………………………………… 119

　　　　6.8.1 BIM 数据管理的机遇与挑战 ………………………………………… 119

　　　　6.8.2 BIM 数据管理的原则 ………………………………………………… 120

　　　　6.8.3 BIM 数据的安全与风险管理 ………………………………………… 121

　　　　6.8.4 BIM 数据挖掘分析 …………………………………………………… 122

　参考文献 ………………………………………………………………………… 123

第 7 章 基于 BIM 与水电智能建造技术融合管理 ………………………………… 125

　7.1 基于 BIM 的水电工程项目管理关键技术 ………………………………… 125

　　　　7.1.1 传统管理模式与 BIM 管理模式对比 ………………………………… 125

　　　　7.1.2 与 BIM 融合的关键信息化技术 ……………………………………… 125

　　　　7.1.3 数字化移交 …………………………………………………………… 128

　7.2 端网云技术支撑 …………………………………………………………… 129

　　　　7.2.1 端技术 ………………………………………………………………… 129

　　　　7.2.2 网技术 ………………………………………………………………… 130

　　　　7.2.3 云技术 ………………………………………………………………… 130

　7.3 BIM 与典型智能建造技术融合管理 ……………………………………… 131

　　　　7.3.1 BIM＋灌浆技术 ……………………………………………………… 132

　　　　7.3.2 BIM＋碾压技术 ……………………………………………………… 134

　　　　7.3.3 BIM＋振捣技术 ……………………………………………………… 136

　7.4 BIM＋GIS 定位技术的管理 ……………………………………………… 137

　　　　7.4.1 主要功能 ……………………………………………………………… 138

　　　　7.4.2 人员、设备属性信息需求 …………………………………………… 139

　　　　7.4.3 定位精度与隐私处理 ………………………………………………… 143

　参考文献 ………………………………………………………………………… 143

第 8 章 BIM 项目管理工具研发实例 ……………………………………………… 146

　8.1 依托工程简介 ……………………………………………………………… 146

　8.2 研发思路 …………………………………………………………………… 149

　　　　8.2.1 概念设计 ……………………………………………………………… 149

　　　　8.2.2 BIM 3D 数据模型 …………………………………………………… 150

　　　　8.2.3 "BIM 学院" ………………………………………………………… 151

　　　　8.2.4 软件选型及工作步骤 ………………………………………………… 151

8.3 乌东德 BIM 管理工具 ·· 152
    8.3.1 工具交互界面 ··· 153
    8.3.2 BIM 工具动态模型管理功能 ·· 154
    8.3.3 BIM 工具进度管理功能 ·· 157
    8.3.4 质量管理 ·· 161
8.4 乌东德 BIM 工具手机端 ·· 168
    8.4.1 硬件配置及功能概述 ··· 168
    8.4.2 BIM 管理功能 ··· 169
    8.4.3 辅助性功能 ·· 172
参考文献 ·· 174

第 9 章　BIM 项目管理工具建设案例 ··· 175

9.1 项目概况 ·· 175
9.2 系统设置 ·· 176
9.3 项目范围管理 ··· 177
9.4 项目进度管理 ··· 178
9.5 费用控制 ·· 181
9.6 质量管理 ·· 184

第 10 章　认识与思考 ··· 185

10.1 认识 ··· 185
10.2 思考 ··· 189
10.3 结语 ··· 192

第 1 章

水电工程项目管理发展

在人类近百年的管理实践中,水电工程项目管理是项目管理的典型应用领域。本章首先概述了国内外科学管理与项目管理的概念、发展历程与趋势;其次针对我国水电工程项目管理发展阶段的特点与发展趋势进行了论述。

1.1 科学管理与项目管理发展

Taylor 被称为"科学管理之父",自从 1911 年泰勒的《科学管理原理》问世以来,无数的学者、企业家和政治家都非常关注管理科学的发展。基于行业需求,对科学管理的研究一直没有停止过,经济学家研究怎样管理经济活动,政治家研究怎样管理国家,将军们研究怎样管理指挥部队打胜仗,科学家不断研究并创新管理的新理论、新方法和新技术。一切关于人类社会进步的活动,都可以用管理科学来指导。管理研究成果日新月异,应用发展经历了经验管理、科学管理、定量管理、行为管理以及权变管理等阶段(邢以群,2007)。如用科学实验的方法研究工厂工人操作的科学内涵,大幅度提高劳动生产率(王晓敏等,2016)。与 Taylor 同时代的 Fayol 被称为"现代经营管理之父",指出企业经营管理的计划、指挥、决策、协调、控制的五要素和管理的十四条原理,是大多数企业管理实践的经典理论指导(古桂琴,2010)。韦伯作为组织理论之父,提出的官僚制,包含合理分工、层级制、法定程序性、非人格化管理、管理的职业化等,是许多行业、企业制度,甚至包括国家公务员制度在内的许多组织制度的基石。

为什么要重视科学管理?在近百年的管理实践中,可利用资源的短缺和人类欲望的无限始终是矛与盾的关系,人类追求组织效率和效益的提升也是永恒不变的目标,而科学的管理是解决矛盾、提高组织效率和效益最重要的途径之一。有学者(殷国平,2005;蒋春霞等,2019)在总结我国改革开放以来取得巨大成就时,也指出我国虽然在技术上实现了举世瞩目的成就,但科学管理的理论和实践相对滞后,通过提升管理来拓展空间、促进改革发展是很重要的增效手段。尤其当前全球面临百年之大变局,新冠疫情后,我国经济高质量的增长和人民群众财富的可持续积累在很大程度上要从科学管理上做文章。从 Taylor 时代开始,不同学者、实践者提出的管理理论依然先进,管理方法依然有效,管理逻辑依然适用,管理经验依然宝贵。随着社会进步和新技术的出现,为满足项目组织效率和效益提升,以及国家高质量高标准发展需要,管理的理论、方法、逻辑、经验需要适应科学技术和人类的发展,原有的管理成果需要被丰富,以形成新的管理理论、方法和技术。

1.1.1 管理与项目管理概念

究竟什么是管理,通用的说法是指一定组织中的管理者,通过实施计划、组织、领导、协调、控制等职能来协调他人的活动,使别人同自己一起实现既定目标的活动过程,是人类各种组织活动中最普通和最重要的一种活动。事实上为管理下一个准确的定义是比较困难的,不同的学者给出了不同的定义和看法。

Henri Fayol(1841—1925 年)认为:"管理就是预测和计划、组织、指挥、协调和控制"(Gulshan,2011)。

Fredmund Malik(1944 年)将管理定义为"将资源转化为效用"。

获得诺贝尔经济学奖的管理学家 Herbert A. Simon(Simon,1982)认为"管理就是决策"。

Ghislain Deslandes 将管理定义为"一支脆弱的力量,承受着取得成果的压力,并具有在主观、人际、制度和环境层面上运作约束、模仿和想象力的三重力量"(Deslandes,2014)。

Peter Drucker(1909—2005 年)认为管理的基本任务是双重的,包括营销和创新。尽管如此,创新也与营销相关联(产品创新是战略性营销的核心问题)。Peter Drucker 将营销视为业务成功的关键要素,但管理和营销通常被理解为业务管理知识的两个不同分支。

Taylor 认为管理的实质是同时提高劳动生产率和雇主的利润,途径是进行科学研究,创造出高效的操作技术,挑选工人并加以培训,管理者与操作者工作分开,任务共担(Taylor,2004);运行机制是雇主和雇员的精神革命(刘铁明,2012)。管理是一个过程,就是管理者组织其团队,使用相应的资源,按照一定标准,通过科学的方式,在规定的时间内完成一项任务的过程。

管理分为经验管理和科学管理两种不同的类型。经验管理完全依靠管理者积累的工作经验,但是没有明确生产定额,没有量化绩效考核的指标,对未来任务是否能完成或者什么时间完成只能凭个人判断,无从量化,如果换一个人,经验管理的效果可能就完全不一样。而科学管理则通过实验积累数据,生产效率和考核指标有明确参数,可以通过数学手段进行计算统计和分析,使工作的时间计划、资源配置科学明确,组织行为依据一定的标准,过程之中有监测,对未来有预见性。科学管理体现标准化、计划性、过程可监测、趋势可预见,当前的状态和未来的走向都在管理者的控制之下(覃秀基,2005)。管理者必须认识到,追求利益最大化是劳资双方的共同目标,在通过科学管理取得劳动剩余时,只有建立共赢的分配机制,劳动成果与社会大众共享,才能最终实现效率和效益的最大化。科学创造与劳资双方精神革命的结合,包含企业管理的理论方法与企业的文化建设。

本书作者认为,管理可以用一句通俗易懂的话来概括:"管理就是带领一群人,完成一件事。"

项目是一种临时性的工作,旨在产生独特的产品、服务或结果,并具有明确的起点和终点(通常受时间限制、受资金或人员配备的约束),以实现独特的目标和目的,通常是为了带来有益的变化或增值(PMI,2014)。项目的临时性质与照常营业(或运营)相反,后者是生产产品或服务的重复性、永久性或半永久性功能性活动。实际上,对这种独特的生产方法的管理,需要发展独特的技术技能和管理策略(Cattani et al.,2011)。具体而言,项目是为完成某项独特任务而开展的作业,完成后会形成独特的产品、服务或成果,具有时间要求的明确性、成果的特殊性和渐进明细的特征。如建造一座建筑物或基础设施、开发一个计算机软件、制造一台设备、编制一部规范、组织一次会议,甚至是对某设备开展一次维护保养作业等都可视为一个项目。

项目管理是在特定的时间内领导团队实现目标(或超过设定需求)和达到成功标准的过程。项目管理的主要挑战是在给定的约束条件下实现所有的项目目标(Phillips,2009)。这些信息通常在项目文档中描述,在开发过程的开始阶段创建,主要限制的是范围、时间、质量和预算(PMI,2010)。项目管理的第二个挑战是优化必须要投入的分配,并应用它们来满足预先确定的目标。项目管理的目的是产生一个符合客户目标的完整项目。客户的目标一旦明确,就应该影响项目中其他人员的所有决策,例如项目经理、设计师、承包商和分包商。定义不清或过于严格的项目管理目标不利于决策。

不同组织对项目管理的定义不一,较为权威的是美国项目管理协会编写的《项目管理知识体系指南》(通常简称为PMBOK)。PMBOK认为,项目是指"为创造某独特产品或服务而做的临时性努力";项目管理则是"把各种知识、手段、技能和技术等应用到项目之中,进而满足项目的要求"。项目是一个临时组织,在规定的时间内利用有限的资源开展项目作业,完成项目任务,实现预期目标。项目管理是运用管理知识,对项目团队成员开展项目这一过程进行整体管控,通过计划、组织、领导和控制等活动解决项目中出现的问题,满足或超出各利益相关方对项目的要求。

项目管理过程包括项目启动、策划、实施、过程纠偏、收尾等子过程(PMI,2010;赛云秀,2005)。其工作包括接受并充分理解项目任务,进行项目实施规划,制定项目计划和确定各级工作目标,确定质量标准,调配项目资源,协调各种关系,促进项目推进。项目管理的核心是计划和控制,即竭尽全力促进项目按照规定的时间、要求的标准、限定的投入实现目标。工程项目管理是针对工程项目全生命周期的管理,同样适用科学管理的理论和方法。

在管理领域,战略管理(strategic management)是组织的最高管理者和代表所有者的重要职责,基于对资源的考虑和对组织运行的内外环境的评估,制定和实施组织的主要目标。战略管理为企业提供总体方向,包括制定组织的目标,并制定政策和计划来实现这些目标,然后分配资源来实施这些计划。组织生存和发展依赖于制定战略并实现战略,战略的成功与否在于衡量项目运营所产生的商业价值。如果商业价值的绩效达到制定战略时的预期,那么战略就是成功的。对于组织来说,战略管理和项目管理是其发展的两个层面,战略管理决定组织的发展方向和终极目的,重点在于使组织做正确的事,这就需要进行项目治理。单项目多组织的项目治理旨在通过合同约束,集成外部多组织的资源,对单个项目进行管理;单组织多项目的项目治理旨在通过制度约束,集成组织内部各部门的资源,对多个项目进行管理。在组织内部对项目实施管理有多种不同的模式,包括单项目管理、项目管理和项目组合管理。

(1) 单项目管理,即将项目单独进行管理,实现项目既定目标。

(2) 项目集管理,即将项目纳入一个项目集内进行管理。组织为达成一系列目标,可能需要同时实施多个项目,这些项目相互关联,需要被协调管理,以实现组织目标。有时为了管理方便,将一个大项目分成许多小项目进行管理,那么这个大项目可视为一个项目集。

(3) 项目组合管理,即对项目组合中的项目及其运营过程进行规范管理,以实现投资绩效和收益。项目组合是为了实现战略,形成的不同的项目或项目集的组合;项目组合里的不同项目集各自单独满足组织的目标,不一定因为其他项目集没有完成受到影响。

组织商业价值的实现依赖于项目成果交付的成功,依赖于项目和项目集管理的结果,依赖于项目组合的构建和管理。从正向流程来看,组织首先制定战略,以此进行基于价值决策的项目组合构建;然后组成临时组织完成项目组合中的项目集或项目的交付成果,并形成永久组织对交付成果进行运营管理,最终实现商业价值。

1.1.2 项目管理国外发展趋势

作为一门学科,项目管理从多个应用领域发展而来,包括土木建筑、工程和重型国防活动(Cleland et al.,2006)。项目管理有两位重要的先驱者:一是 Henry Gantt,他被称为规划和控制技术之父(Martin,2002),他因将甘特图用作项目管理工具而闻名;二是 Henri Fayol,他创建了五个管理功能,这些功能构成了与项目和计划管理相关的知识体系的基础(Morgen,2003)。Gantt 和 Fayol 都是提出科学管理理论的 Frederick Winslow Taylor 的学生。Taylor 是现代项目管理工具(包括工作分解结构(WBS)和资源分配)的先驱。

20世纪50年代是现代项目管理时代的开始,核心工程领域在这时汇聚在一起,项目管理开始被认为是源于工程模型管理学科的独特学科(Cleland et al.,2006)。两个数学项目计划模型在这个时期被开发出来。一是"关键路径法"(critical path method,CPM),它是杜邦公司(DuPont Corporation)与雷明顿兰德公司(Remington Rand Corporation)的管理者为采取措施管理工厂项目而开发的,以在减少工期的情况下尽可能少地增加费用。二是"程序评估和审查技术"(program evaluation and review technique,PERT),它是美国北极星导弹潜艇计划的一部分,由美国海军特殊项目办公室(U. S. Navy Special Projects Office)与洛克希德公司和布兹·艾伦·汉密尔顿(Lockheed Corporation and Booz Allen Hamilton)共同开发(Malcolm et al. ,1959)。CPM 和 PERT 的方法非常相似,但仍存在一些差异。CPM 用于假设活动时间确定的项目,每个活动的执行时间是已知的。PERT 允许随机活动时间,每个活动将进行的时间不确定或变化。

随着项目计划模型的开发,在 Hans Lang 等人的开创性工作下,用于项目成本估算的成本管理和工程经济学也在不断发展。1956 年,美国成本工程师协会(现为 AACE International)成立,由早期的项目管理从业人员以及计划与调度、成本估算和成本/进度控制相关专业人员组成。之后,AACE 继续其开拓性工作,并于 2006 年发布了第一个集成流程,用于项目组合、计划和项目管理(总成本管理框架)。1969 年,在美国成立了项目管理学院(PMI)(Harrison and Lock,2004)。PMI 在 1996 年以 William Duncan 为主要作者出版了《项目管理知识体系指南》(PMBOK 指南)的原始版本,该指南描述了"大多数时间,大多数项目"通用的项目管理实践。PMI 还提供一系列认证。

随着工程项目在规模、复杂程度以及精细化程度等方面越来越高的要求以及互联网软件技术、硬件技术的不断发展,传统工程项目管理方法已难以满足工程项目发展的要求,工程项目管理的方法、技术和模式等也在不断创新。发达国家自 2003 开始在施工项目管理中推进手持应用技术、无线技术,以解决施工过程中海量实时生产数据的传感、传送、处理等问题,实现关键业务数据在各相关方的有序流动,促进施工过程的标准化和规范化,提高生产效率和沟通效率,实现知识积累等管理目标。例如,美国在 2003 年开发应用了大型基建工程桩基施工过程的无线数据采集与处理程序;日本在 2005 年应用工程现场管理软件,并通过 PDA 进行数据采集;韩国在 2006 年采用强度分析管理软件,实现了以无线数据采集传输为主的数据采集。目前,发达国家施工生产中的各个环节,已经逐渐采用这种手持与无线的应用形式,但在工程整体应用方面,尤其在巨型工程的整体应用中仍然缺乏成功的案例(樊启祥等,2013)。在我国的一些大型水电工程通过智能控制成套技术,实现施工工艺过程的关键数据在线实时采集和大型水电工程智能安全管控(樊启祥等,2016,2017,2019;Lin et al. ,2012)。国外学者已经研究工程项目管理信息化三十多年,对项目全过程中的进度、投资和质量管理等方面都有完整的方法、理论和软件等产品,其信息化管理经验值得我国借鉴(柳丕辉等,2015)。

1. 美国

美国信息化工程项目管理进程如图 1-1 所示。美国工程项目管理信息化进程可以大致分为三个阶段,分别为 20 世纪 80 年代、90 年代和 21 世纪至今(柳丕辉等,2015),其发展与美国的政策支持有很大关系。美国军方在 20 世纪 80 年代为了降低建设成本并提高工作效

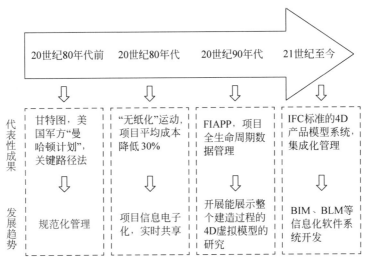

图 1-1　美国工程项目管理信息化发展进程总结

率,开启了"无纸化"运动,旨在针对项目的策划、报价、设计、施工、结算、运维、退役等全生命周期的各个阶段,用电子文档替换纸质文档并保证信息的全面性。无纸化运动不仅实现了信息电子化,而且使得项目成本平均降低30%左右(这与项目效率提升关系很大)。

20世纪90年代末,美国建筑业研究所在政府资助以及相关政策的支持下,提出完全集成和自动化项目过程(fully integrated and automated project processes,FIAPP),旨在全方位应用信息化技术和手段,满足各利益相关方(如业主、施工、设计、监理等)的差异化需求,最终实现对项目全生命周期生产数据的采集和储存,方便后续的数据分析以及溯源(Subsomboon et al.,2003)。该系统促进了现有信息的无缝集成和项目生命周期内数据传输的自动化。2003年,美国斯坦福CIFE(center for integrated facility engineering)开发的基于IFC标准的4D产品模型系统,实现了工程项目信息集成化管理并支持数据交换与共享,通过虚拟技术实现了产品模型的3D可视化以及4D施工过程模拟。CIFE应用4D概念,采用先进的交互工具、计算设备等构建了一个全数字交互工作室,使建设项目各利益相关方能够实时地开展工作,初步实现项目全生命周期管理。

美国信息化管理方法、软件、硬件的研发目前仍处于较为领先的地位,Autodesk 和 Bentley System 等均是比较著名的公司,致力于开发基于IFC的建筑信息模型BIM和建设工程全生命周期管理(building life cycle management,BLM)的信息化操作软件。同时,雅克博斯集团、ABB鲁玛斯集团、柏克德公司等知名工程公司都已通过信息化手段为企业构建了工程项目管理系统和强大的业务基础数据库。

2. 日本

日本项目管理可以分为项目管理引入阶段、项目管理发展阶段以及较为成熟的信息化阶段(郑杰等,2009)。日本从美国引进项目管理知识体系,在1998年成立PMI东京,并开展 PMP 相关考试。鉴于日本和美国在思想、文化等方面存在差异,日本逐渐构建适应本国的项目管理知识体系,开展各类项目管理方面人才培养、协会建设等工作。日本项目与项目群管理标准指南(project & program management for enterprise innovation,P2M)的开发工作在 2001 年完成。目前日本具有较为系统的工程项目管理信息化体系,并且已经推出行业统一的标准规定。工程项目全生命周期信息化系统 CALS/EC(continuous acquisition and life cycle support/electronic commerce)在日本被大力推广,其主要特点包括:为提升质量、提高效率、增强企业竞争力和降低成本,信息的提交、接收和利用等环节均基于互联网完成;为便于信息共享,开放的数据库被应用在项目全生命周期的所有电子化信息存储中。同时规定只有符合建设 CALS/EC 的规程的设计方、施工总承包商或者分包商才能参与日本国家重点工程。

3. 欧洲

20 世纪 80 年代后期,欧盟创建了跨多领域、跨多学科的研发项目小组 ESPRIT,依靠信息技术进行项目管理,以适应未来的信息社会。法国、德国为保障项目参建各方能够无障碍地实现资料交流和共享,颁布了通用标准,并发展了通用数据基础设施;采用数码相机和信息传送技术实现现场施工情况的实时动态跟踪管理。英国剑桥大学和利物浦大学成为英国工程项目管理信息化的研究机构,开发的基于网络的供应链集成通信平台 BIW 被英国建筑业广泛应用,用户可以主动接受信息,避免了信息的被动接受,提高了信息利用的效率和精准度。

1.1.3 项目管理国内发展历程

我国项目管理相较于发达国家起步较晚,但项目的历史非常久远,项目管理的系统观念从古代已经开始萌芽。我国从古代至今的项目管理发展历程如图 1-2 所示。

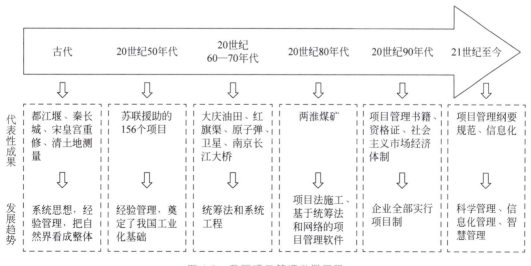

图 1-2 我国项目管理发展历程

1. 古代

从公元前 11 世纪左右,我国已经形成了一种整体系统的观点,强调连续无限的整体观念和系统的思维方法,在周朝《道德经》、汉朝董仲舒等关于"天人合一"的论述中就包含着系统思想,并在建筑领域多次实践,例如李冰父子领导修建的都江堰工程、秦始皇时期的长城修建、隋朝大兴城的修建、宋朝丁渭主持的皇宫重修工作、清朝康熙皇帝主持的全国土地测量等。我国古代的建设管理主要运用经验管理,运用系统观、整体观的思想以完成目标任务(郭毅夫,2003)。

2. 20 世纪 50 年代

我国许多大型建设项目在国民经济恢复时期完成,尤其是 156 个苏联援助的大型项目的成功,与我国的建设者的有效管理密不可分,如辽宁省鞍山钢铁公司、黑龙江省哈尔滨电机厂、北京市北京电子管厂、内蒙古自治区包头钢铁公司、湖南省南方动力机械公司(原 331 厂)、三门峡水利枢纽工程等。这些项目在一定程度上奠定了我国的工业化基础。

3. 20 世纪 60—70 年代

我国在此时期虽然受到了"文化大革命"以及自然灾害的影响,但项目管理活动并未完全终止,比如大庆油田、红旗渠的修建,原子弹、氢弹和人造卫星的发射,南京长江大桥的修建等,这些项目在艰难的建设环境中都取得了巨大的成功。也正是这一时期,近代项目管理理念在我国开始广泛传播。钱学森和华罗庚分别倡导的系统工程和统筹法成为我国项目管理的里程碑。

网络计划技术当时叫"统筹法"。1964 年,在桥梁、铁路、隧道等项目管理上,华罗庚通过统筹法取得了成功。其后的十多年时间里,华罗庚带领"推广优选法统筹法小分队"到全国 23 个省、市、自治区等进行推广,在设备维修、建筑工程、生产流程重建、生产组织等诸多领域很快取得了成果,创造了巨大的经济效益,如马钢、引滦入津、宝钢、葛洲坝、鞍钢等工程均采用了统筹法(季常青,2008)。但统筹法考虑的范围狭窄,仅仅注意到了项目活动的时间和费用的协调。

4. 20 世纪 80 年代

施工项目管理理论和实践在 20 世纪 70 年代先后从德国、日本等发达国家传入我国。1985 年,在总结了中国石化四公司"建设多功能的企业大本营,为精兵强将上前线打基础、创条件"和"实行小分队外出承包"的经验后,我国提出要改革原有的建筑业生产方式。1986 年底,国家计划委员会(简称"国家计委")提出推行项目法施工,改革施工管理体制。1987 年 11 月,国家计委要求实施鲁布革工程管理经验的试点企业,全部按照"项目法"组织施工,其他企业也要积极探索。华罗庚团队在 1980 年后开始在国家特大型项目中应用统筹法,如在 1980 年启动的"两淮煤矿开发"项目(此项目由中国科学技术协会联合七个协会、五个部委启动)。20 世纪 80 年代后期,融合网络技术和统筹法的项目管理软件在我国开发应用（季常青，2008；曾召庆，2010）。

5. 20世纪90年代

1992年全国施工企业项目经理培训教材编委会编辑制定了《施工企业现代化管理方法》《项目法施工》《全国施工企业项目经理培训大纲》《施工企业项目管理》等教材。培训结束后统一考试，为合格者颁发《全国建筑施工企业项目经理培训合格证》。1992年我国也明确了要建立社会主义市场经济体制，要求企业自身必须适应新形势进行战略规划，做好迎接国际竞争的准备，这些都要以项目的形式进行。

6. 21世纪至今

此阶段是我国项目管理信息化飞速发展的阶段，项目管理内容、高新技术和服务项目、项目管理知识体系等均不断丰富和完善（张小红等，2015）。国内的信息化步伐逐年加快，许多建筑企业先后引入了工程项目信息化管理的概念，不少企业引进或自行开发了信息管理系统，大批专业管理软件开始应用于企业的日常管理过程中。但是现阶段仍处于起步阶段，在信息系统的创建、信息化应用模式的开创、信息技术人才的培养、信息化意识培育等方面都存在着许多不足。主要表现在：①信息化、复合型人才稀缺；②信息系统开发、应用较为落后，缺乏统一的技术规范和标准；③政府和企业等对信息化的认识不足；④信息化应用的模式、场景单一，缺乏创新性（柳丕辉等，2015）。随着《新一代人工智能发展规划》《中国制造2025》《中国建造2035战略研究》及新基建等相继提出，促进能源、建筑和信息深度融合，应用人工智能、信息、通信等相关理论方法开发智能建造技术，推进智能建造管理已成为大势所趋。

1.2 我国水电工程项目管理发展

1.2.1 发展阶段

中华人民共和国成立以来，我国水电工程项目经历了较为艰难的发展过程，其管理方法和模式也在不断地创新，以适应我国水电发展的过程和特点，如图1-3所示（向东，2005）。我国所有水电建设项目在改革开放以前都是由政府投资，改革开放后，水电投资多元化。水电建设管理体制的改革由当年的"鲁布革冲击"引发。

1. 新中国成立初期至20世纪80年代初的传统体制阶段

该阶段代表工程有东风、刘家峡、葛洲坝、龚嘴、丹江口、龙羊峡等。由于当时我国正处在高度计划的经济体制，水电工程的建设采取国家直接下达计划、供应材料、调拨资金、指派队伍的模式进行。

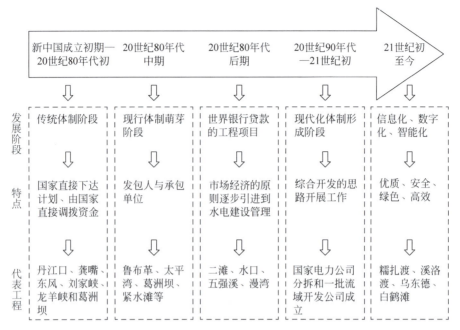

图 1-3 我国水电工程项目管理发展历程

2. 20世纪80年代中期的现代体制萌芽阶段

该阶段以鲁布革建设管理实践经验的推行为主要标志。1982年5月,水电第一工程局承担吉林红石水电站的总承包工作,全面承包该工程的建设(国家审定的投资概算内)。投资包干的经济责任制度在葛洲坝、紧水滩、太平湾等自营制建设模式的水电站工程中也相继实行。中华人民共和国水利电力部在1983年6月作为建设单位以定投资总额、定建设规模、定主要协作条件、定建设工期、定经济效益的"五定"方式与承包单位葛洲坝工程局订立了葛洲坝二期工程的施工承包合同,即正式实行经济承包制。

3. 20世纪80年代后期,巨大变革的开始与转变

该阶段从1984年云南鲁布革水电站引水隧洞国际公开招标开始。代表性的工程有五强溪、二滩、鲁布革、漫湾、水口等。我国第一个利用世界银行贷款的工程项目便是鲁布革水电站引水系统工程。日本大成公司标价比标底低45%最终中标,与当时参加投标的中国水电十四局形成巨大的反差,且日本大成公司只用30人进行管理,施工单位仍然用我国的水电十四局。工程从1984年开工经历四年在1988年完工,施工质量、进度等方面都是典范。我国工程界被当时的鲁布革工程效应震惊,国务院也高度重视此工程,打破了"预算超概算,结算超预算"的弊端。1987年全国推广鲁布革经验,"鲁布革冲击"引起了我国工程建设管理体制、市场经济观念、生产力发展的生产关系的巨大变革。

4. 20世纪90年代至21世纪初,符合市场经济要求的建设管理体制阶段

该阶段以1995年的二滩水电开发有限责任公司为标志,可以称为现行体制形成阶段。

到目前为止,这一阶段尚在不断探索、实践和丰富之中。在这期间,最具有典型意义的是国家电力公司的分拆和一批流域开发公司的成立。这些公司主要有以下特点:基本上具备现代企业制度的特征,主要依托一些母体电站,利用国家地方或者企业投资,按照流域和综合开发的思路工作(向东,2005)。

5. 21世纪初至今为数字化、信息化、智能化技术与管理深度融合阶段

该阶段以糯扎渡、溪洛渡、乌东德、白鹤滩等大型水电工程为典型代表,通过运用数字化、信息化、智能化技术,大大提高了水电工程建设管理水平,有效落实了精细化管理措施,确保了工程全生命周期的安全可靠运行,并形成了智能碾压、智能温控、智能灌浆、智能振捣等为代表的一系列智能建设管理技术(樊启祥等,2016,2017,2019;Lin et al.,2012)和大型梯级水电工程项目开发知识管理研究(樊启祥等,2020)。

1.2.2 发展趋势

水电工程建设管理是项目管理的典型应用领域,水电工程枢纽包括拦河大坝、发电厂房、输水建筑物、泄水建筑物和其他建筑物等,具有规模大、建设周期长、环境条件复杂、投资规模大、涉及技术专业众多、作业立体交叉安全风险高等特点。水电工程项目建设过程经常受到地质条件、水文气象、当地宗教和民俗以及政府监管的制约,建设管理的复杂性远高于其他公共设施建设项目。这些特点意味着对水电工程建设进行科学的管理将取得巨大的效益。例如,一座 10^7 kW 的水电站,如果通过科学的项目管理,能够在确保安全和质量的前提下,使工期提前一年,按照当前的电价计算,可以获得12亿~15亿元的收益。

长期以来,在水利水电工程界存在重技术、轻管理的思想,对工程项目管理的重视程度远不及技术,原因是:

① 思想态度问题,受"学好数理化,走遍天下都不怕"思想影响;

② 管理知识薄弱,从事管理的人员大多从工程技术专业调整而来,专业技术强,管理知识弱;

③ 思维方式单一,长期的技术工作使得现场管理人员在处理事务时只注重细节和深度,忽视问题的多样性、多尺度和相互依赖性,缺乏系统工程思维方式和权变思想;

④ 水电工程技术复杂,受环境和政策影响大,建设工期长,投资巨大,技术的深入研究随时间积累呈现越来越完善的趋势;而管理大多是有实效性的,好的点子如果当时没有得到采纳,时过境迁也就失去价值,这也是水电工程项目管理得不到发展的重要原因。

水电工程长期形成了"经验至上"的管理模式,缺乏科学管理思想,遇事凭以往经验、工程类比决策,或者听取有经验老同志的意见再决策。很少是通过系统工程的科学管理方法分析后决策,但在专业技术问题上,则充分研究,力求全面深入。长期以来,水电工程项目管理行业形成一种观念,即认为按经验管理可以避免风险,且可靠性高,工程按部就班建成，没有必要进行科学管理。但是殊不知，科学管理的目的是提高劳动生产效率，不仅仅停留在把事情做成，还要追求做好。同样一个工程，如果采用科学化的管理，往往会提前更多工期或者节省更多费用，创造更多的工程价值。

从目前的管理现状来看，一般水电工程的管理仍然停留在依靠经验和半经验半管理的阶段，崇尚权威，管理科学和管理方法的研究较少，数据应用碎片化，缺乏系统性，定量管理由于科学的数据报表体系不完善而很少被应用。缺乏科学、信息化的管理手段及流程。例如，P6这样的项目管理软件尚未得到普遍应用，改革开放初期就开始推行的PMP项目管理理论与方法也远未普及。基于BIM技术的项目管理更是处于起步阶段，实际在水电工程的主要水工结构上应用较少。

现阶段，我国正在加快西南地区水电工程和西藏高原地区基础工程的开发建设，工程项目管理面临重大挑战。分析水电工程项目管理的特点与现状，聚焦目前水电工程项目管理的痛点和难点具有重要的工程与科学意义。随着工程建设规模加大，水电工程建设过程中会源源不断地产生大量材料数据和监控数据，传统的项目管理模式无法实现精细化管理，容易出现管理失控的现象。由于缺乏对信息资源的有效交换，当前建筑工程的信息化进程依然存在集成化程度低、智能化程度不高以及标准化程度低等问题(Chen et al.，2014；魏力恺等，2017)。

智能化随着感知物联、移动互联、数据分析、人工智能及自动控制等技术进步而逐步发展，且深度融入人类活动，并逐步发挥重要作用，成为欧美各国各行业布局的战略方向和重点领域。我国也相继提出《新一代人工智能发展规划》《中国制造2025》《中国建造2035战略研究》及新基建布局等(周济，2015)。因此，建筑工程行业应探索集成与协同新范式，通过智能设计、智能工厂、智能工地和智能物流搭建出智能建造的框架，以应对传统建筑业问题、适应新时代不断变化的施工现场需求、供应网络需求和建设方需求。从智能制造到智能建造，从装配式形成产业链，都需要BIM系统作为智能建造的核心技术(丁烈云，2019)。

BIM已在国内一些大型项目的施工建造中应用，如上海世博会中国馆、青岛海湾大桥和上海中心等，并逐渐推广至整个建筑领域(季文普等，2019)。水利水电、交通等大型基础建筑设施的施工现场具有环境复杂、施工期长、参建人员多、作业面空间分布复杂、工种众多并包含特殊工种等特点。这就要求工程项目管理顺应互联网时代发展，将传统管理模式用更为高效、系统的数字化工具取代，并提高管理人员运用人工智能进行项目管理的能力，实时更新知识和技能，增强创新意识，多元统筹组织资源(黄铃宇，2018)，更加高效地实现组织目标。

参考文献

CATTANI G，FERRIANI S，FREDERIKSEN L，et al.，2011. Project-based organizing and strategic management[J]. Advances in Strategic Management，28：263-285.

CHEN L J,LUO H B. 2014. A BIM-based construction quality management model and its applications[J]. Automation in Construction,46：64-73.

CLELAND D I,GAREIS R. 2006. Global Project Management Handbook[M]. New York：McGraw-Hill.

DESLANDES G. 2014. Management in xenophon's philosophy：a retrospective analysis[C]//38th Annual Research Conference,Philosophy of Management：14-16.

GULSHAN S S. 2011. Management Principles and Practices by Lallan Prasad and SS Gulshan[M]. New Delhi：Anurag Jain for Excel Books.

HARRISON F L,Lock D. 2004. Advanced project management：a structured approach[M]. Hampshire,UK：Gower Publishing,Ltd. .

LIN P,LI Q B,HU H. 2012. A flexible network structure for temperature monitoring of a super high arch dam[J]. International Journal of Distributed Sensor Networks,(4)：1238-1241.

MALCOLM D G,ROSEBOOM J H,CLARK C E,et al. ,1959. Application of a technique for research and development program evaluation[J]. Operations research,7(5)：646-669.

MARTIN S. 2002. Project Management Pathways. Association for Project Management[M]. London：APM Publishing Limited,xxii.

MORGEN W. 2012. Fifty key figures in management[M]. London：Routledge.

PHILLIPS J. 2009. PMP® Project Management Professional Study Guide[M]. London：McGraw-Hill Ltd. .

Project Management Institute. 2010. A Guide to the Project Management Body of Knowledge [M]. Pennsylvania：Project Management Institute Inc. ：27-35.

Project Management Institute. 2014. What is Project Management? [EB/OL]. https：//www. pmi. org/about/learn-about-pmi/what-is-project-management.

Subsomboon K,Christodoulou S,Griffis F. 2003. Fully Integrated and automated project processes (FIAPP) in building construction and renovation-brick at a time[C]//Architectural Engineering Conference.

TAYLOR F W. 2004. Scientific management[M]. Routledge.

丁烈云. 2019. 数字建造导论. 北京：中国建筑工业出版社.

樊启祥,强茂山,金和平,等. 2017. 大型工程建设项目智能化管理[J]. 水力发电学报,36(2)：112-120.

樊启祥,孙洪昕,雷振,等. 2020. 大型梯级水电项目开发知识管理研究[J]. 土木工程学报,53(1)：102-109.

樊启祥,汪志林,林鹏,等. 2019. 大型水电工程智能安全管控体系研究[J]. 水力发电,45(3)：68-72,109.

樊启祥,周绍武,洪文浩,等. 2013. 溪洛渡数字大坝[C]//电力行业信息化优秀成果集.

樊启祥,周绍武,林鹏,等. 2016. 大型水利水电工程施工智能控制成套技术及应用[J]. 水利学报,47(7)：916-923,933.

古桂琴. 2010. 法约尔的一般管理理论及启示[J]. 中国经贸导刊,(11)：64.

郭毅夫. 2003. 项目管理的发展及其在技术创新中的应用[D]. 长沙：湖南大学.

黄铃宇. 2018. 人工智能时代,项目管理准备好了吗?[J]. 项目管理评论,(2)：32-33.

季常青. 2008. DVR机顶盒项目风险管理[D]. 北京：北京邮电大学.

季文普,任庆伟,丁宁,等. 2019. 智慧工地系统在建筑施工过程中的应用[J]. 企业科技与发展,(1)：116-117.

蒋春霞,龙丽芳. 2019. 浅谈我国建设工程项目管理的发展趋势[J]. 轻工科技,35(3)：102-103,107.

刘铁明. 2012. 泰勒科学管理思想研究的回顾与思考[J]. 湖南财政经济学院学报,28(2)：143-149.

柳丕辉,陈哲,余成柱. 2015. 工程项目管理信息化发展综述[J]. 福建建筑,(11)：77-80.

赛云秀. 2005. 工程项目控制与协调机理研究[D]. 西安：西安建筑科技大学.

覃秀基. 2005. 西方企业管理发展的趋势与启示[J]. 经济与社会发展(2)：42-44.

王晓敏,张宝生. 2016. 泰勒的科学管理理论在我国管理实践中的应用[J]. 北方经贸,(7)：128-129.

魏力恺,张备,许蓁. 2017. 建筑智能设计：从思维到建造[J]. 建筑学报,(5)：6-12.

西蒙 H. 1982. 管理决策新科学[M]. 北京：中国社会科学出版社,33.

向东. 2005. 我国水电工程项目管理模式选择研究[D]. 成都：四川大学.
邢以群. 2007. 管理学[M]. 北京：高等教育出版社.
殷国平. 2005. 我国项目管理市场化发展若干问题的研究[D]. 上海：同济大学.
曾召庆. 2010. 延长油田产能建设项目管理模式研究[D]. 西安：西安石油大学.
张小红,黄津孚,张金昌,等. 2015. 智能化管理——管理理论发展的新阶段[J]. 经济与管理研究,36(8)：116-121.
郑杰,翟磊. 2009. 项目管理在日本的引进、发展及对我国的启示[J]. 项目管理技术,7(6)：66-69.
周济. 2015. 智能制造——"中国制造2025"的主攻方向[J]. 中国机械工程,26(17)：2273-2284.

第 2 章

水电工程项目管理基本概念

水电工程具有规模、周期、环境、投资、专业等独有管理特点,明确水电工程项目管理的基本概念,可以更好地对工程项目进行科学管理,实现价值创造。本章首先论述了水电工程项目生命周期与划分、明晰了项目周期与项目过程组关系,并且讨论了启动、规划、执行、控制、收尾五个过程组的特点和内容;其次指出了水电工程项目管理的前期工作与经济评价包含的阶段、内容和流程;最后论述了水电工程项目组织形式与文化内涵。

2.1 项目生命周期与划分

2.1.1 项目周期

项目是为了创造独特的产品、服务或成果进行的临时性工作。项目的定义是多样性的,可以把一个任务整体看成一个项目,也可以把任务分解成多个小项目的组合。例如,建设一个水电开发营地的办公楼可以看成一个项目,也可以把该办公楼的建设过程分成前期规划、设计、采购、施工、竣工验收、运维等多个项目。项目的成立是企业战略的执行结果,项目划分受到项目战略的控制,与组织的背景、文化、环境相关联。项目的结果称为项目产出,即项目创建的新资产。

项目的独特性和临时性特征意味着某种程度的不确定性。为了避免和控制不确定因素,实施项目的组织通常会按照项目成果的技术或组织特征将项目分成若干阶段。项目阶段是具有逻辑关系的一组项目活动的集合,以一个或多个可交付成果的完成为结束。阶段的名称(例如阶段 1、阶段 2 等)和数量(例如项目的四个阶段、项目的六个阶段等)的确定取决于项目相关方特别是直接责任者管理和控制的需要。阶段的结束点有时称为控制点,是进行项目阶段评估的重要节点,一般定义为里程碑节点进行管理。

项目从启动到完成所经历的一系列阶段称为项目的全生命周期,包括项目开始、组织与准备、项目执行和结束。一般每一个项目都会经历一个周期,周期中每个阶段都会导向下一个阶段,而最后阶段又会产生新的项目周期。项目的全生命周期通常可分为五个具有逻辑关系的阶段,包括概念形成、可行性研究、详细设计、项目实施和项目结束,也可形象地分为萌芽、孵化、生长、成熟和转型阶段。阶段之间可以是顺序衔接,也可部分重叠。

水电工程项目可以分为前期、实施、运维和退役拆除等四个阶段。一般来说,水电工程项目的前期阶段从预可行性研究开始持续10~15年,实施阶段为3~12年,运维时间为25~30年,有的到50年或者更长,视水电站的稳定运行状态和财务状况而定,最长的已经超过100年,只要设备没有到达淘汰界限以及大坝没有出现整体安全稳定问题,就可以一直运行下去。因此,水电工程项目管理一般考虑前期阶段、实施阶段和运维阶段,退役拆除阶段不在本书的讨论范围。

水电工程项目全生命周期的前三个阶段之间有明显的分界线,前期工作结束一般以可行性审查通过为结束标志,实施阶段开始以项目得到政府核准为标志,中间可开始一段筹建准备,主要建设工作集中在实施阶段(图2-1)。实施阶段的结束以所有建筑物完建、设备安装调试完成并通过安全鉴定和业主验收为标志,运维阶段从商业运行开始直至结束,最后是退役拆除阶段。从项目管理科学化和专业化考虑,四个阶段可以划分为四个子项目,也可以进行组合,需要分别组织不同技术组成的项目组织来管理,以提高经济效益和建设效率。

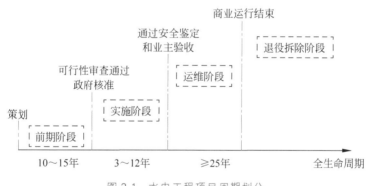

图2-1 水电工程项目周期划分

2.1.2 项目划分

水电工程项目管理的项目交付模式取决于开发业主的选择:抽水蓄能电站一般是把全生命周期作为一个整体项目进行管理;常规水电站不考虑退役拆除,一般分为三个项目阶段。水电工程项目的前期阶段主要依靠委托一家设计院做主要工作,项目组织由公司的计划部门来担任,实施阶段组织建设管理机构,前期的成果和资源整体向下移交,运维阶段则组建电厂来管理,实施和运维从项目范围上有明确界限。从管理上,两个组织可以将机组调试和试运行搭接管理,甚至于调试和试运行电厂可以作为管理的主导方。

按照投资项目概算编制要求,水电工程项目一般分为建设项目、单项工程、单位工程、分部工程、分项工程五级(邓铁军,2007),具体如下:

(1)按一个总体设计进行施工一般称为建设项目,在经济上进行统一核算,行政上有独立组织形式的建设工程。通常称为"×××水电站工程"。

(2)单项工程是建设项目的组成部分,具有独立的设计文件,竣工后能单独发挥设计所规定的生产能力或效益,如引水发电建筑物、挡水建筑物、泄洪建筑物、生活福利设施、公用工程、业主办公大楼等。

(3)单位工程是单项工程的组成部分,单项工程中能单独设计,可以独立组织施工,并可单独作为成本计算对象的部分,称为一个单位工程,如引水发电建筑物的发电厂房、水轮发电机组、变电站、设备工程、安装工程等。

(4)分部工程是单位工程的组成部分,在单位工程中把性质相近,所用工种、工具、材料和计量仪器大体相同的部分,称为一个分部工程,如边坡开挖、边坡支护、基础处理、灌浆工程、金属结构安装、混凝土工程等。

(5)分项工程是分部工程的组成部分。在一个分部工程中,由于工作内容、要求、施工方法不同,所需人工、材料、机械台班数量不等,费用差别很大,因此需要具体划分为若干分项工程。比如大体积混凝土、结构混凝土、喷射混凝土、边坡开挖、基坑开挖、闸门安装、预埋件安装等。

2.1.3 项目生命周期与项目过程组

项目管理是针对特定项目的活动,通过选择科学的方法,执行事先明确的标准,调配必需的资源,使用相应的技术和工具,按照事物的内在逻辑运行,最终实现项目目标。这些活动的开展都要经过一个时间过程。在此过程中,无论是作业方式,还是作业结果,都需要遵守规则和满足需求。

项目管理是管理科学在项目实施过程中的应用,需要专门的知识体系与之配套。在长期的项目实践过程中,人们根据项目管理的主题,逐渐归纳总结出不同的知识领域,包括安全、质量、进度、成本及风险管理等,这些知识领域的理论、方法与管理经验结合就是项目管理技术体系。每一个特定项目在正式成立后,根据项目特点将通用的技术体系进行有选择的组合,从而形成项目管理技术框架。当前的水电工程项目管理,越来越强调技术与管理的深度融合,技术工作与管理工作往往立体交叉、同步进行、相互作用、协同作用。科学技术是顺利开展项目工作的基础,而项目管理则是安全、高效、优质完成项目的保证。基于技术工作和管理工作的项目周期通常分别称为"项目生命周期"和"项目管理过程组",两者起点和终点完全相同,只是中间阶段划分不同。

通常将项目管理周期的活动归纳为启动、规划、执行、控制、收尾五个过程组,也可以把项目管理过程定义为计划、组织、执行、控制和协调的过程,这些过程基于项目组织的管理和领导,与项目生命周期的五个阶段有紧密联系,又有明显区别。以水电工程项目为例,项目生命周期和项目管理过程组的关系如图 2-2 所示。

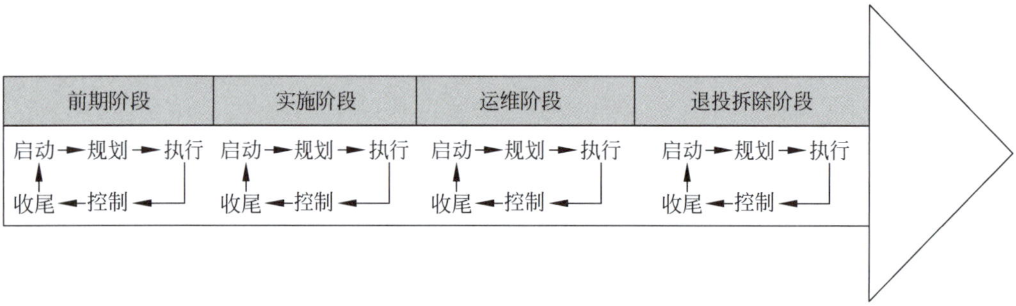

图 2-2 水电工程项目生命周期和项目管理过程组的关系

项目管理过程组和项目生命周期的概念不同。从划分依据来看,项目管理过程组按项目管理活动归纳划分,而项目生命周期的阶段是按技术工作划分。从划分类型来看,项目管理过程组在所有项目中没有差别,而项目生命周期根据项目类型的不同可以划分出不同的阶段。从重复性来看,项目管理过程组是项目各阶段都重复存在的工作,各过程组交叉循环,在项目的不同阶段可以全部存在,也可部分存在,可以根据需要进行裁剪;项目生命周期各阶段不可逆,阶段之间紧密衔接,一环扣一环,不可缺少直至结束。从结果来看,项目管理过程组以过程的活动为主导,产出管理成果,以工作分解为导向;项目生命周期的阶段以项目的状态区分,聚焦从某时间点开始时的结果,产出技术成果,是产品视角。

实现五大过程需要项目团队熟练掌握十大知识领域中的知识和技能,结合自身的经验培育出项目全生命周期,项目团队通过致力于五大过程的工作而实现项目目标,在提供项目成果的同时,形成组织过程资产。在 PMI 的项目管理手册中,将五大过程组(图 2-3)又细分为 47 个过程。在项目的各阶段,47 个过程的出现情况是不一致的,有的过程只在某特定阶段出现一次,有的过程在不同阶段重复出现,有的过程贯穿项目全生命周期。单个过程重复程度依据项目特性和管理需要而定。

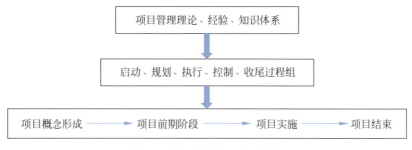

图 2-3 项目管理的五大过程组

在实际开展项目管理工作时，要综合考虑项目特性、社会环境和自然环境、项目组织资源储备基础等，对项目管理过程以及工具技术进行个性化组织，适当增减，以便提高管理效率。项目管理的十大知识领域支撑五大管理过程组47个过程的理论、经验与方法，项目管理团队通过对这些理论的掌握、经验的传承、方法的运用，在项目生命周期的不同阶段实施管理的工作，达到项目目标。

管理团队就像一部保障战车，团队成员就像全程陪跑的战斗员，项目管理的理论、文化、经验加上项目管理知识是武器装备，五大过程组则将项目生命健康保障工作进行了体系规划，是科学系统的战法。项目团队在装备了强大的装备和科学的战法前提下，伴随项目的全生命周期过程，不断优化配置有限的资源，不断应对环境的变化，不断化解各类风险，一步一步向目标迈进，小心翼翼地保证项目健康到达终点。

2.2 项目管理五大过程

2.2.1 启动过程组

项目启动过程主要是进行项目策划，组建项目组织机构，制定项目章程，明确质量标准，对项目的环境条件（包括自然环境、人文环境、政策环境）进行分析，评估项目的风险，初步预测项目时间和资源投入。总之，启动过程是明确项目管理做什么，达到什么目标。该过程组结束后，项目组织初步建立，形成的成果主要是项目策划书和一系列规章制度，可以开始项目管理的工作。

对于大多数水电工程，一般将前期论证、建设、运行分为三个大的阶段来管理。通常将建设阶段看作一个建设项目，以水电工程项目通过可行性研究审查，业主向政府提交的项目建议书获得核准作为起点，以建成投产并通过竣工验收为终点，在起点和终点之间构成该建设项目的全生命周期。

水电建设项目启动过程组的主要任务是组建项目管理机构、规定项目管理职责、明确项目边界。组建机构阶段的主导方为投资方，部分潜在的项目部成员参与其工作。启动过程组的前提是前期论证过程结束，项目核准通过。支持核准的文件包括项目建议书、项目可行性研究报告、环境影响报告书、水土保持方案报告书、建设项目征地和移民规划报告等一系列研究成果报告，分为研究报告和政府主管部门的批复文件。

启动过程组包含两个过程，即制定项目章程和识别项目相关方。制定项目章程就是设立项目组织并规定项目组织的职能、权力、责任、利益。识别相关方就是明确项目相关的外部组织，建立相关方对项目成功的作用模型，定期记录和评估相关方的利益、参与度、影响力以及相互依赖关系，预测其对项目的作用，从而选择合适的行动方案。

启动过程组的文件包括但不限于以下主要内容：项目业主关于成立项目监视实施管理

机构的文件、项目经理和部门负责人的任命文件、项目组织的二定方案;以各种管理办法的形式出现的项目机构运行的工作流程文件;项目实施总体要求,包括任务、节点目标、投资规模等;项目机构与相关方关系的界定;项目管理控制性计划。

2.2.2 规划过程组

规划过程组就是为项目实施制定行动方案,明确该过程怎么做、多长时间完成、需要多少资源。根据上一个过程的成果,运用专业技能和工具,对项目进行识别和划分,形成工程分解结构,明确组织分解结构,制定工作分解结构,比较选择实施方案,制定里程碑计划,制定设备使用计划,制定材料供应计划,制定采购计划,最终形成项目实施计划书。工程分解结构、组织分解结构和工作分解结构是一个有机的整体,体现工作对象、工作方法和责任主体,做到凡事有人负责,凡事有章可循。

水电工程项目投资规模大、周期长、工程设计面广,具有典型的"渐进明细"特征,项目行动方案必须随阶段的推进不断调整,所以规划过程组的过程可能在项目生命周期出现多次重复。初始的项目规划文件是后期项目管理的基准,项目各阶段的绩效与基准进行比较,若出现偏差则调整行动方案。

规划过程组的实施主体是项目管理机构,项目业主和其他相关方根据项目章程赋予的权力和流程文件参与其中。规划过程组最重要的过程是制定项目管理计划,即对项目管理的内容做出明确的规定,形成一整套项目管理文件,包括质量管理体系、合同管理办法、认证与计量、变更管理办法、财务管理、安全管理体系等。

规划过程组的过程还包括以下主要过程:

(1)项目范围管理,即对项目的生命周期进行界定,明确质量标准,以及后期调整范围的程序和方法等。

(2)创建工作分解结构,即把项目可交付成果和项目工作分解为较小的、更易于管理的组成部分。在水电工程建设中,对项目进行可交付成果的划分,一般分为单位工程、分部工程、分项工程和单元工程。

(3)规划进度管理,即制定项目进度管理办法,对项目进度的编制、执行、调整和控制提出政策和程序规定。

(4)制定进度计划,在工作分解结构基础上,将工作包分解为项目的活动,包括定义和描述活动,分析和建立活动之间的逻辑关系,估算活动的持续时间,分析活动所需的资源,从而创建进度模型。实践中称之为施工组织设计。进度计划包括施工方案、时间进度安排、资源配置安排、执行质量标准和先进施工技术应用等。

(5)项目成本管理,即对项目成本的估算、预算、管理、监督、控制做出政策、策略、方法、标准方面的规定;形成成本费用管理办法,促使项目在概算框架、预算范围内实施,同时将风险纳入成本估算。

（6）规划质量管理，即制定质量管理体系文件，包括明确项目可交付成果的质量标准、质量评价体系、成果验收技术与方法等。通常形成的文件以质量管理办法为代表。

（7）规划资源管理，即制定项目所需资源的计划、获取、利用、管理的规定和办法，主要是政策的制定。

（8）规划沟通管理，即信息系统建立要求和管理要求，包括机构设置、系统建设、日常维护、信息处理和流通规则等规划。

（9）规划风险管理，即对如何实现风险管理进行定义，制定风险管理办法，包括风险识别、风险定性分析、风险定量分析、风险评估、风险应对的方法、政策、策略的制定。

（10）规划采购管理，即制定项目招投标管理办法，提出招标计划。确定需要从外部获取的产品或服务的内容、需要获取的时间和获取的方式（公开招标或者直接委托等）。

规划过程组形成一系列项目管理规定、办法、要求、规范、指南等项目文件，明确项目管理事项、行为、时间要求、资源配置等，包括但不限于以下文件：

① 项目管理机构规范各参建单位组织机构和工作流程的文件，包含明确施工单位、监理单位、设计单位、技术支持部门、服务部门、专门委员会等机构，以及相应职责范围、行事规则、工作流程的规定；

② 项目里程牌计划、控制性进度计划和实施进度计划；

③ 质量标准和质量管理办法；

④ 项目计量签证管理办法、合同管理办法和财务管理规定；

⑤ 项目招投标管理办法和招标计划；

⑥ 项目风险管理要求；项目环保、水保、文明施工和安全管理要求等。

2.2.3 执行过程组

执行过程的任务完成情况直接决定项目目标是否能实现，是项目管理过程最主要的过程。执行过程结束时要提交最终的交付成果，也就是项目范围内所有应完成的工作成果，包括产品和服务。

执行过程的任务就是完成项目管理计划中确定的工作，包括管理相关方、协调资源配置及实施项目活动。该过程与控制过程的检查和纠偏可能发生循环，当交付的产品和服务不满足项目范围、质量和进度等要求时，就需要进行纠偏工作，也就是再执行、再检查，直至满足项目目标所有的要求。该过程形成的成果包括可交付成果、变更申请及批复、纠偏方案及批复、成果质量评价报告、绩效考核报告，包括产品实体和资料档案两部分内容。

执行过程组包括以下内容：

（1）指导和管理项目工作。对项目工作进行综合管理，通过组织、指挥、协调项目参与方按计划开展工作，实现项目目标。

（2）管理项目知识。首先，对现有的项目知识进行有效应用的管理，以实现项目目标。

水电工程建设涉及广泛的专业知识领域，比如大坝混凝土温度防裂就是专门的知识。在执行项目过程中，如果不对大坝混凝土进行很好的管理，可能出现混凝土开裂，不但达不到项目可交付产品的质量标准，而且需要在建设过程中额外进行物探检查，制定消除开裂缺陷的方案并进行消缺作业。除此之外，大型洞室群的围岩稳定、大坝基础处理、边坡安全、金属结构焊接技术、辅助机电系统安装与调试等，均需要大量的专业知识和技能，并运用长期积累的经验。其次，每一个水电工程所处的水文地质和气候环境都是独一无二的，在项目全生命周期都会产生许多新的技术和方法，需要对这些创新进行有效的知识管理，形成项目机构的组织过程资产，同时为项目进入运维期积累数据。

（3）质量管理。即执行质量计划，实施质量管理体系，贯彻质量方针和政策，管理质量活动，保证项目可交付成果达标。对于质量安全事故，质量管理工作需要分析质量事故原因并提出改进措施。质量的管理要以水电工程项目业主为中心；要充分发挥领导作用；要坚持全员参与；要将相关的活动和资源作为过程进行管理；要用系统工程的方法识别、理解和管理作为体系的相互关联的过程，助力组织实现其目标的效率和有效性；要持续改进；要建立在数据和信息分析基础上的决策机制；要确保组织与其供方是相互依存的、互利的关系可增强双方创造质量价值的能力。

（4）项目资源管理。主要是获取项目所需的人力资源、设施设备和材料等资源并进行合理分配，还包括团队建设和管理。

（5）项目风险管理。包括进行风险识别和风险分析、实施风险应对、执行风险管理计划的过程，通过规范的风险管理流程并按照计划采取应对措施，尽量减少风险损失，应对项目执行的不确定性。

2.2.4　控制过程组

控制过程的工作是对执行过程实施控制，融入执行的过程之中，随执行的进行对可交付产品进行鉴定和验收，对出现的变更、缺陷处理、预防措施落实、纠偏方案和实施进行确认，并对更新的项目范围和项目计划进行确认。这个过程视执行过程情况可能出现循环。

控制过程组是对项目执行进行跟踪统计、评价项目进展、开展绩效考核、审核项目变更、批准计划调整方案的一组过程，包括项目进度管理、项目成本控制、项目范围管理、项目相关方管理、项目质量管理、项目资源管理、项目沟通管理、项目风险管理、项目采购管理等全方位的监控工作，并实施项目整体变更的控制。业主在该过程组发挥重要作用，常聘请专业的咨询机构在授权范围内实施控制，主要是识别项目执行的偏差、分析原因、预测趋势、评估改进方案和提出纠正措施，保证项目在正确的轨道上运行。

2.2.5　收尾过程组

表 2-1 为项目管理五大过程和项目管理的九大知识领域内容的关系。在启动阶段重点

是综合管理,确定工程目标和任务;项目规划则涉及项目全知识内容;项目执行和控制阶段反映了项目执行者和项目管理者之间的职责区分;在执行过程完成并通过检查环节之后,项目管理就进入合同收尾过程。收尾过程工作包含安全鉴定及项目验收、所有合同的收尾等,既有企业层面的工作,也有政府行政层面的工作。收尾环节结束后,向顾客移交最终的项目产品、服务、成果。本过程确保恰当地关闭项目,正式宣告项目管理工作结束,解散项目机构或启动一个新项目。

表 2-1 项目管理过程和各知识体系的关系

管理类型	启动	规划	执行	控制	收尾
综合管理	制定章程、建立组织、明确任务	制定项目各项管理工作计划	指挥、指导项目实施	项目监控,处理整体变更	项目收尾
范围管理	—	范围规划、范围定义、制定工作分解结构	—	范围核实、范围控制	—
时间管理	—	作业定义、作业排序、作业资源估算、作业所需时间计算、制定进度表	—	进度控制	—
成本管理	—	费用估算、费用预算	—	费用控制	—
质量管理	—	质量规划	实施质量保证	实施质量控制	—
人力资源	—	人力资源规划	项目团队建设	项目团队管理	遣散
沟通管理	—	沟通规划	信息发布	绩效报告、利益相关方管理	—
风险管理	—	风险管理规划、风险识别、定性分析、定量分析、风险应对规划	—	风险监控	—
采购管理	—	采购规划、发包规划	询价、招标	合同管理	合同收尾

需要说明的是,计划、执行、检查和处理循环(plan-do-check-act,PDCA)在每一个过程都适用,甚至于对过程内的单项工作也适用,这是一个基本的工作方式,所不同的是标准的循环有文件和成果遵循,细小的循环则取决于责任人的经验。在进行项目管理时,对工作结构的分解细分程度需要在计划阶段确定。项目章程、项目范围说明书、项目管理计划是项目管理的三个主要依据文件。项目章程解决项目的合法合规问题,项目范围说明书界定项目目标、工作内容和标准要求,项目管理计划选择达到项目目标的方法和路径,安排资源配置。

2.3 项目管理前期工作与经济评价

2.3.1 前期工作

水电工程项目管理的前期工作主要分为规划阶段、预可行性研究阶段、可行性研究阶段、项目评估方法与决策阶段。

项目管理的前置工作是一个决策过程，即对水电工程项目进行技术经济比较和评估的过程，目的是对水电工程项目是否投资做出决策。只有决定立项，项目才获得生命，从而具备制定项目章程和定义项目的条件。从管理学的角度来解释，投资决策是企业管理的内容，项目管理是对企业管理所做决策的执行。所以项目管理的知识体系明确而具体，基本上就是基于任务分解和目标实现，是一套可以即学即用的方法、工具的集合。企业管理除了应用方法和工具外，要对诸多事项进行决策，管理者所做的工作集中在分析判断方面。

企业管理决定做哪些项目，项目管理负责事项决策的目标。当然，决策过程中的分析工作，也可以按照项目管理来完成，但最终需要提交给决策者使用，数据分析本身只为决策提供依据，决策者需要对如何使用数据做出决定。决策是以效益为中心的，一般情况选择投资回报率高的项目，但也会出现分析报告显示预期回报良好的项目被否决、预期回报结果不好的项目得以进入实施的情况。这是因为管理决策要综合兼顾组织的近期目标和长远发展，也要考虑组织利益和国家公众整体利益的关系；既要争取组织利益最大化，也要带来环境、资源和公益方面的社会效益，实现财务指标和社会效益的平衡，系统权衡内外部收益。

水电工程建设项目具有投资大和周期长的特点，建成后会为社会提供大量电力资源，涉及环境保护、生态建设、移民安置、公共安全等国计民生重大事项，促进制造业、建筑业、基础设施建设发展，对项目所在地的经济社会发展产生重大影响。在水电工程项目实施前，要进行评估和决策。水电工程项目评估是一项严谨细致的专业技术工作，具有系统性强、多方案权衡的特点。评估的主要任务是根据水电工程的内在规律确定项目的投资价值和可行性，即技术可行，经济合理，且具有良好的投资回报，环境友好，对社会具有正外部性。

可行性研究是项目评估的基础，为评估工作提供基本资料和分析成果。这些成果政策性强、专业性强、综合性强，包括市场调查、建设条件分析、可行的技术方案、建设时间安排、融资方案、财务评价和国民经济评价以及关键指标的敏感性分析。可行性研究由专业咨询机构承担。项目评估由政府主导，主要检查评价项目的技术经济指标优越性、对环境和生态的影响、公共安全性、社会经济发展的促进程度以及是否符合政府鼓励的优先产业方向，通过专家质询、政府和有关部门研究，给出评估结论并明确核准意见；项目业主根据核准意见批复的建设方式、建设计划组织项目实施。从政府核准批复意见下达开始，项目管理工作才算正式启动。

水电工程项目评估主要是进行财务评价和国民经济评价，前者是针对企业经济效益，后者偏重于社会经济效益。只有企业财务回报和社会经济收益都满足的项目才会被实施，其中一项指标不满足便会导致企业没有投资积极性或者政府不予核准，工程难以成功立项。

2.3.2 投资项目财务评价

水电工程项目生命期包含项目的建设期和生产服务期两个部分。项目建设期一般从项目完成可行性研究并获得政府核准开始,以项目投产结束。项目的生产服务期是从技术经济评价的要求出发所假定的一个期限,并不是指项目将来的实际存在时间,也不是项目的技术寿命;从项目投产开始计算,以主要固定资产综合寿命完结为止。其中,项目投产开始到达成设计生产能力的时期称为达产期。生产服务期一般依据主要生产装置的折旧年限确定。

财务评价是对项目全生命周期进行现金流分析、成本费用估算、收益估算以及损益分析。这些分析是以项目为对象,考察现金在项目边界的流进和流出情况,以及项目的投资和收益情况,与企业的财务报表有一定的差别。项目财务评价要素包括项目生命期的计算和生产过程评估、生产成本费用的评估、销售收入和税金评估、利润和还贷能力评价、财务现金流量表评价等。

财务评价有一定的局限性,因为它所采用的价格、成本、折现率等指标没有真实反映资源的经济性,所涉及的税费、补贴也未给资源带来丝毫增减,但财务评价能对企业或项目的营利性给出评价,为企业做出决策提供依据。以下介绍财务评价的指标。

1. 固定资产的折旧

固定资产在使用过程中,其价值会随着使用时间的延续而逐渐转移到产品中,并且等于其损耗的部分,这部分的损耗额称为固定资产折旧。折旧是生产成本的组成部分,在产品的销售收入中回收,称为固定资产折旧基金。折旧额采用直线折旧法(straight-line deoreciation)估算:

$$d_k = \frac{B - SV_N}{N} \tag{2-1}$$

其中,d_k 为第 k 年的年折旧额($1 \leq k \leq N$);B 为固定资产原值;SV_N 为 N 年末预估残值;N 为折旧年限(William et al.,2013)。

2. 摊销费的评估

摊销费的基数是无形资产和递延资产。无形资产按照不少于 10 年分期摊销;递延资产中的开办费按照不短于 5 年期限分期摊销。

3. 单位成本的评估

产品生产成本包括各项直接支出及制造费用:

$$UC = \frac{PC}{Q} \tag{2-2}$$

其中,UC 为单位成本(unit cost);PC 为生产成本(production cost);Q 为产品生产数量(product quantity)。

4. 总成本评估

总成本是指项目在一定时期（一般为一年）为生产和销售产品而耗费的全部成本及费用。总成本费用由生产成本（制造成本）、管理费用、财务费用、销售费用四项费用构成。

在财务记账时，对四项费用分解为八种费用要素。分别为工资及福利费、折旧费、摊销费、利息、外购材料和燃料及动力费、财务费用、其他费用。其他费用包括办公费、差旅费、劳动保护费、业务招待费、职工教育费、工会宣传费用、待业保险费、医疗统筹基金、退休统筹基金、广告费、财产保险费、房产税、土地使用税等。为了经济分析方便，项目评估提出经营成本的概念，即

经营成本＝总成本费用－折旧费－维简费－摊销费－利息支出。

5. 销售收入

销售是企业经营活动的一项重要环节，而销售收入是企业垫支资金的回收，是企业经营成果的货币表现。企业销售收入包括产品销售收入和其他销售收入。产品销售收入包括产成品、自制半产品等物化劳动为主的收入和工业性劳务等活动的收入。其他销售收入包括其他物化性劳动的收入和非工业性劳务或劳动为主的收入。销售收入 I 计算公式如下：

$$I = \sum_{i=1}^{n} S_i P_i \qquad (2\text{-}3)$$

其中，S 为产品/劳务数量；P 为产品/服务价格；i 为不同收入来源。

6. 税金

税收是国家为实现其职能，凭借政治上的权力，强制性地向商品生产经营者征收的税款款项，具有强制性、无偿性、固定性三个特征。税金是单位或个人依据税法向国家缴纳的各种税款。一般分为销售收入及附加税和所得税两类。

7. 利润

利润指项目（企业）销售产品和提供劳务收入扣除成本和销售税金后的盈余（所得税前）。利润首先是弥补前年度的亏损，然后提取法定盈余公积金，最后剩余部分用于还贷。

8. 损益表和借款偿还期

损益表展示了寿命期内项目的利润总额、所得税后利润的分配情况，反映项目在整个寿命期内财务效益的基本情况。

$$借款偿还期 = 借款偿还后开始出现盈余年份数 - 开始借款年份 + \frac{当年偿还借款额}{当年可用于还款的资金额}$$

其中，可用于还款的资金额等于未分配利润加折旧费和摊销费。

9. 财务现金流量表

财务现金流量表包括全部投资现金流量表、自有资金现金流量表。

10. 清偿能力的评价

资产负债表能从存量的角度反映项目的清偿能力，所谓存量是指资金某一时间的累计

值。它能综合反映项目计算期内各年末资产、负债和所有者权益的增减变化及对应关系，用以计算资产负债率、流动比率、速动比率，三者关系如下：

$$\mathrm{DAR} = \frac{\mathrm{TD}}{\mathrm{TA}} \quad (2\text{-}4)$$

其中，DAR 为资产负债率（debt assets ratio）；TD 为负债总额（total debt）；TA 为资产总额（total asset）。

流动比率是表示项目各年偿还流动负债能力的指标，通常以 200% 较为合适：

$$\mathrm{CR} = \frac{\mathrm{TCA}}{\mathrm{TCL}} \times 100\% \quad (2\text{-}5)$$

其中，CR 为流动比率（current ratio）；TCA 为流动资产总额（total current assets）；TCL 为流动负债总额（total current liabilities）。

速动比率表示项目快速清偿流动负债能力的指标，通常以 100% 较为合适：

$$\mathrm{QR} = \frac{\mathrm{TCA} - I}{\mathrm{TCL}} \times 100\% \quad (2\text{-}6)$$

其中，QR 为速动比率（quick ratio）；TCA 为流动资产总额（total current assets）；I 为存货（inventory）；TCL 为流动负债总额（total current liabilities）。

2.3.3 国民经济评价

国民经济评价是从国家或全社会的立场出发，以资源的最佳配置为原则，以国民收入增长为目标的营利性分析。一般采用反映资源真正价格的影子价格、影子工资、影子汇率和社会折现率等经济参数，以分析和计算项目对国民经济的净贡献，评价项目的经济合理性。国民经济评价目的是使资源得到合理分配和使用，保证投资项目的整体经济效益，从宏观层面提高项目的科学性和准确性。

国民经济评价包括效益和费用的识别、外部效果处理、无形资产分析、影子价格确定、国民经济盈利能力分析。国民经济评价和财务评价的差别主要表现在评价的角度不同、范围不同（国民经济评价要考虑间接效益和费用）、所采用价格体系不同，效益与费用的含义及划分范围不同，以及评价的标准与参数不同。

项目评价指标分为两大类，即绝对经济效益指标和相对经济效益指标。而这两大类又各自分为静态指标体系和动态指标体系。如表 2-2 所示。

表 2-2 经济效益评价指标体系

指标类型	静态评价指标体系	动态评价指标体系
绝对经济效益指标	投资回收期、投资利润率、投资利税率、投资收益率、资本金利润率、资产负债率、流动比率、速动比率等	净现值、净现值率、内部收益率、净年值、动态投资回收期等
相对经济效益指标	差额投资回收期、差额投资收益率、总折算费用、年折算费用等	差额净现值、差额内部收益率、费用现值、费用年值等

2.3.4 绝对经济效益评价指标

绝对经济效益指标反映项目本身具有的一些经济特性,静态和动态的差别在于是否考虑资金的时间价值。相对经济效益指标用于比较不同项目方案之间的差异。前者回答项目是否可行的问题,后者回答什么项目方案最优。不同项目方案比较时遵循四个基本原则,即时间因素可比原则、价格指标可比原则、成本费用可比原则、功能效果可比原则。

1. 静态评价指标

静态评价指标不考虑资金的时间价值,概念简明、直观,计算简便,容易掌握运用。

1)投资回收期(P_t)

投资回收期又称还本期,指用项目各年的净收益回收全部投资所需的时间。投资回收期以年为单位,从项目建设开始之年算起,其表达式为

$$\sum_{t=0}^{P_t}(CI-CO)_t = 0 \tag{2-7}$$

其中,P_t 为以年表示的静态投资回收期;CI 为现金流入,包括销售收入、期末回收的流动资金和固定资产余值;CO 为现金流出,包括固定资产投资、流动资金、经营成本和各种税费;$(CI-CO)_t$ 为第 t 年的净现金流量。

2)投资利润率(E)

该指标表示项目达到设计能力后的一个正常生产年份里,年利润总额与项目总投资的比率,表明单位投资年创造的利润额。计算公式如下:

$$E = \frac{L_1}{K} \times 100\% \tag{2-8}$$

其中,E 为投资利润率;L_1 为年利润总额;K 为总投资,等于固定资产投资、投资方向调节税、建设期利息、流动资金的总和。

3)投资利税率(D)

该指标表示项目达到设计能力后的一个正常生产年份里,年利税总额与项目总投资的比率,表明单位投资年创造的利税额。计算公式如下:

$$D = \frac{L_2}{K} \times 100\% \tag{2-9}$$

其中,D 为投资利税率;L_2 为年利税总额,等于年产品销售收入减去年总成本费用;K 为总投资,等于固定资产投资、投资方向调节税、建设期利息、流动资金的总和。

4)投资收益率(R)

该指标表示项目达到设计能力后的一个正常生产年份的收益与项目投资总额的比率,表明单位投资年创造的利税额。计算公式如下:

$$R = \frac{L_3}{K_0} \times 100\% \tag{2-10}$$

其中，R 为投资收益率；L_3 为年收益额，等于年利润总额、折旧费、摊销费、利息的总和，在全部投资现金流量计算中相当于所得税前现金流入减去现金流出；K_0 为投资总额。

5）资本金利润率（B）

该指标表示项目达到设计能力后的一个正常生产年份里，年利税总额与项目总投资的比率，表明单位投资年创造的利税额。计算公式如下：

$$B = \frac{L_1}{K_c} \times 100\% \tag{2-11}$$

$$B_0 = \frac{L_0}{K_c} \times 100\% \tag{2-12}$$

其中，B 为资本金利润率；B_0 为税后资本净利润率；L_0 为税后利润总额；K_c 为资本金。

2. 动态评价指标

动态评价指标主要是考虑资金的时间价值，还分析项目整个寿命期内运行情况。

1）动态投资回收期（P_d）

动态投资回收期又称现值投资回收期，是指在给定基准折现率条件下，用项目折现后的净现金收入偿还全部投资的时间。其表达式为

$$\sum_{t=0}^{P_d}(CI-CO)_t(1+i_c)^{-t} \tag{2-13}$$

其中，P_d 为动态投资回收期；i_c 为基准折现率；其他符号含义同前。

2）净现值（NPV）

净现值是项目经济评价最重要的参数，是项目在整个计算期内获利能力的动态评价指标。它的定义是，按照行业的基准收益率或设定的折现率，将项目计算期内各年的净现金流量折算到建设期初的现值之和，所以又叫累计折现净现金流量。其表达式为

$$NPV = \sum_{t=0}^{n}(CI-CO)_t(1+i_c)^{-t} \tag{2-14}$$

其中，NPV 为净现值；$(CI-CO)_t$ 为第 t 年的净现金流量；n 为项目计算期、建设期和运营期的总和。

3）净现值率（NPVR）

净现值率又称为净现值指数，该指标为项目方案的净现值与投资总额现值之比，反映了资金利用的动态效果，是一种类似投资收益率的效益指标。计算公式为

$$NPVR = \frac{NPV}{K_P} \tag{2-15}$$

其中，NPVP 为项目方案的净现值率；K_P 为投资总额现值。

4）内部收益率（IRR）

项目方案在计算期内各年净现金流量现值累计等于零时的折现率：

$$\text{NPV} = \sum_{t=0}^{n}(\text{CI} - \text{CO})_t (1 + \text{IRR})^{-t} = 0 \tag{2-16}$$

其中，IRR 为内部收益率。

2.3.5 相对经济效益评价指标

项目评估不仅要求评价项目是否可行，还要评价项目方案是否合理、方案是否最优。因此，需要运用相对经济效益指标法在互斥型方案选出最优方案。方案比较时，要采用相同的计算期和合理、一致的价格，并考虑资金的时间价值。

1）费用现值（PC）

费用现值是指不同方案计算期内收入相同的情况下，将各年费用按照基准收益率换算为基准年的现值：

$$\text{PC} = \sum_{t=0}^{n} \text{CO}_t (P/F, i_c, n) \tag{2-17}$$

其中，CO_t 为年费用，因不考虑收益，可将所有费用视为正值；$(P/F, i_c, n) = \dfrac{1}{(1+i_c)^n}$，为一次支付现值系数。

各年费用可表示为

$$\text{CO}_t = (K_0 + C - K_s - K_c)_t \tag{2-18}$$

其中，K_0 为投资总额；C 为年经营成本；K_s 为固定资产残值（项目寿命期末回收）；K_c 为项目寿命期末回收的流动资金。

2）总折算费用（U）

方案的投资与基准投资回收期乘以年总费用之和：

$$U = K + P_c C \tag{2-19}$$

其中，U 为总折算费用；K 为总投资；P_c 为行业基准投资回收期；C 为年总费用。

3）等额年费用（AC）

等额年费用是指将方案费用现值通过资金回收系数等值换算，分摊到计算期内各年年末的一系列相等的费用，即以资金回收系数乘以费用现值：

$$\text{AC} = \left[\sum_{t=0}^{n} \text{CO}_t (P/F, i_c, n)\right] (A/P, i_c, n) \tag{2-20}$$

4）年折算费用（U'）

年折算费用年总成本与总投资的年基准投资收益之和：

$$U' = C + KR_c \tag{2-21}$$

其中，R_c 为基准投资收益率（静态）。

5）差额费用现值（ΔPC）

$$\Delta PC = \sum_{t=0}^{n} \frac{\Delta CO_t}{(1+i_c)^t} \tag{2-22}$$

6）差额净现值（ΔNPV）

$$\Delta NPV = \sum_{t=0}^{n} \frac{(\Delta CI - \Delta CO)_t}{(1+i_c)^t} \tag{2-23}$$

7）差额投资回收期（ΔP_t）与差额投资收益率（ΔR）

$$\Delta P_t = \frac{K_2 - K_1}{C_1 - C_2} \tag{2-24}$$

$$\Delta R = \frac{C_1 - C_2}{K_2 - K_1} \times 100\% \tag{2-25}$$

8）差额内部收益率（ΔIRR）

$$\sum_{t=0}^{n} \frac{(\Delta CI - \Delta CO)_t}{(1+\Delta IRR)^t} \tag{2-26}$$

评价一个投资项目的基本判断是经济净现值大于等于零，或者说全部投资的财务内部收益率大于社会折现率。经济净现值小于零表示投资效益是负增长，财务内部收益率小于社会折现率则表示企业经营亏损。

2.4 项目组织与文化

2.4.1 项目组织形式

项目组织有多种形式，通常分为职能型、矩阵型和项目型。其中，矩阵型项目组织可进一步划分为弱矩阵、平衡矩阵和强矩阵形式。具体的组织形式需要根据项目的资源安排、质量、进度和成本要求特点，综合内部管理情况和项目环境条件决定。不同项目组织形式在项目经理权限、在项目上工作的时间、控制项目预算者、项目经理角色和项目管理行政人员等方面有所差异，如表 2-3 所示（卢有杰，2004）。

在职能型组织中，项目管理与组织的其他业务没有明显区别，各个部门相互独立，各自完成项目管理属于职能范围的工作，没有专门的项目组织。职能经理之间的协调由总经理来完成，自然项目管理的协调也是由总经理来完成，如果在某一特定时期，组织业务只有一个项目时，那么整个组织就是一个项目部，总经理就是项目经理。典型的职能型组织是一个树形结构，每一个分枝之上都有一个主干。

表 2-3 项目组织形式及特征

不同角色	职能型	矩阵型			项目型
		弱矩阵	平衡矩阵	强矩阵	
项目经理权限	很少或没有	有限	小到中等	中等到大	很大,全权
全时在项目上工作的人员	很少或没有	有限	少到中等	中等到多	很多,全部
控制项目预算者	职能经理	以职能经理为主	职能经理与项目经理	以项目经理为主	项目经理
项目经理的角色	协调	协调	项目经理	项目经理	项目经理
项目管理行政人员投入项目时间	很少	很少	中等	全部	全部

项目型组织中,项目团队独立管理项目事务和团队成员,项目经理直接向总经理汇报,项目协调工作在项目组织内完成,团队成员不再属于职能经理考核,项目经理的自主权是最大的,几乎可以使用组织的大部分资源用于项目工作,团队成员一般处于集中办公全职状态,在项目团队中按专业设有部门机构。

在项目型组织和职能型组织之间,称为矩阵型组织,同时具有职能型组织和项目型组织的特征。视项目经理的职权大小而分为弱矩阵型组织、平衡矩阵型组织、强矩阵型组织。项目团队成员属于其原部门的职能经理管理,而项目工作由项目经理安排,代表原部门完成项目管理的专业工作。

大多数组织具有战略决策层、中间管理层和基础执行层的结构形式,项目经理实施项目管理需要与这三层进行协作互动,其程度和效果取决于项目的重要性、项目利益相关方对项目的影响、项目管理成熟度、项目管理组织体系,以及组织沟通情况。当然,协作互动的程度和效果直接反映出项目经理的权限和控制项目的能力,包括资源使用权、预算制定权、人员调动权以及在高层的影响力,进而影响到项目的目标。

组织过程资产是一个知识体系的总和,包括一个组织内部的规章制度、办事流程与程序、文化特质、价值观念、战略思想等一切显规则和潜规则,以及组织成长过程中积累的工程总结、成功案例、失败的教训、发明的方法、创新的理论、研制的系统、积累的数据等一切共享的知识库等。

2.4.2 项目组织文化

项目组织文化在项目组织中起到规章制度力不能及的作用,既无法进行量化统计,也不能进行指标考核,但管理者和组织成员能够感受到的精神作业和价值观释放。

项目组织文化就是在一定条件下项目管理作业的精神财富和物质形态,包括文化观念、价值观念、职业道德、行为规范、历史传统、管理制度等。其中,价值观念是组织文化的核心。项目组织文化是从内向外的作用过程,最里层是价值观念(图2-4)。核心外层是组织制定,也叫行为规范,是组织成员在组织作业中遵循的规定,是体现价值观的方法和途径,包括通常所说的规章制度,也包括组织长期形成的潜在规则。最外圈就是组织的形象面貌,是组织文化的外在表现,是组织外部对组织的识别特征。组织文化特征是一个内化于心、外化于行,并在组织外彰显鲜明特征的高度一致性的物质形态和精神形态,如图 2-4 所示。

组织文化对项目管理的绩效起到非常关键的作用。项目受事业环境因素、利益相关方诉求的影响是多变的,可供使用的资源始终是不充分的,而项目目标和质量标准又是确定的。如何使有限的资源聚焦到项目目标,文化建设是一开始就要高度重视并努力打造的基础。文化先进的项目组织可以取得事半功倍的绩效,反之则是事倍功半。项目管理具有普适价值和特有价值,通常说的安全第一、质量第一、进度控制、投资控制等,在水电工程建设中就具有共同的认识和理解;但每

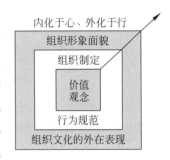

图 2-4 组织文化特征

一个项目都有其特点,同一项目在不同的阶段也有不同的重点难点,需要针对不同情况把握不同的管理重点(图 2-5)。比如在汛前的关键时刻,由于各方资源有限,防汛准备需要在保证质量安全的前提下提高效率绩效。

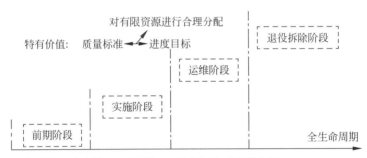

图 2-5 项目管理的普适和特有价值

不同的组织文化对项目会产生不同影响。如果组织文化鼓励开拓创新,组织成员提出的风险较高或者不同寻常的方案得到批准的可能性就大。如果组织文化具有等级界限泾渭分明的特征,有强烈参与意识的组织成员就会经常遇到麻烦。如果项目经理作风专横跋扈,他就不适应那种鼓励参与者的组织文化。

2.4.3 项目相关方

项目相关方是对项目成功起决定性作用的个人和组织。在项目全生命周期内,项目相关方是项目的积极参与者、受益者,也是风险承担者,对项目产生积极或消极影响,也可能受到项目的积极或消极影响。项目相关方分为组织内部的相关方和组织外部的相关方。

以水电工程的业主单位为例,组织内的相关方包括项目决策管理人员、项目经理、各职能部门经理、项目部成员等;组织外的相关方包括设计单位、施工单位、监理单位、供应商、政府及有关部门、受项目影响的民众(移民)、产品消费者、为项目提供服务的金融保险机构、科研院所、第三方咨询单位等,有时还有一些非政府组织(张宁,2010)。

水电工程项目涉及相关方众多,参建单位的管理视角不能仅仅停留在管理组织内部的资源上,而应该将管理视角向项目生命周期的上下游拓展,关注组织间关系和向组织生态系统的演进。组织间关系指的是两个或两个以上组织间进行的相对持久的资源交换、流动和联系;组织生态系统指的是由组织的共同体与环境相互作用形成的系统(达夫特,2003)。在组织生态系统中,管理者需要具备系统思维,既要关注横向流程结构,又要关注纵向组织体系,突破传统组织边界。这就要求项目管理团队增强合作共赢意识,与项目参建方建立良好的伙伴关系,营造信任、公平、开放的合作环境,以提高双方沟通协调的效率,提高信息传递的效率,实现资源的共享。通过建立伙伴关系,相关方能够有效地解决项目问题,实现信息的及时反馈。在项目实施过程中,水电工程项目的项目管理团队应准确识别项目相关方,了解相关方的需求与期望,并主动加以预测与管理,消除不利影响和促进有利影响,尽可能满足相关方的利益诉求,确保项目顺利实施。

参考文献

WILLIAM G S,ELIN M W,C PATRICK K,et al.,2013. Engineering Economy (15th ed)[M]. Beijing: Publishing House of Electronics Industry.
达夫特 R. 2003. 组织理论与设计[M]. 北京:清华大学出版社.
邓铁军. 2007. 结构工程施工系统可靠性理论方法及其应用的研究[D]. 长沙:湖南大学.
卢有杰. 2004. 现代项目管理学[M]. 北京:首都经济贸易大学出版社.
张宁. 2010. 大型工程项目利益相关方响应策略研究[D]. 济南:山东大学.

第 3 章

BIM基本概念及发展

随着信息化技术和大型工程建设的快速发展,BIM 在工程领域应用逐渐深入和广泛,并且不断融合新的数据、信息技术和管理方法。本章首先介绍了 BIM 的定义,总结了 BIM 技术及应用过程中的特征,以及 BIM 技术在工程领域的功能图。基于 BIM 的优势及局限性分析,结合国内外 BIM 应用发展案例,分析了我国水电行业目前对 BIM 技术的应用情况,明确了未来 BIM 在水电工程中应用的趋势。

3.1 BIM 基本概念

3.1.1 BIM 基本定义

BIM 起源于"building model"一词,最早在 1986 年由 Ruffle(1986)和 Aish(1986)提出,并在伦敦希思罗机场的建造中使用。但是之后一直没有得到广泛应用,直到 2002 年 Autodesk 发表了 BIM 白皮书(2002),并用它来形容那些以 3D 图形为主、物件导向、建筑学有关的计算机辅助设计,BIM 才在工程设计、管理、建造过程中逐渐得到应用,并且不断融合新的数据、信息技术和管理方法。

美国国家 BIM 标准(national building information modeling standard,NBIMS)定义 BIM 为建筑项目物理和功能特性的数字表达。通过对建造物的数据化、信息化模型进行整合,在项目策划、建设实施和运维的全生命周期中进行共享和传递,使工程技术人员对各种建造物信息做出正确理解和高效应对,为设计咨询单位以及建筑施工、运营维护单位提供具有可视化、协调性、模拟性、优化性和可出图性等特性的信息,包括地理、勘察、设计、运营等模型和系统。项目的参建各方在 BIM 平台上共享该项目的信息资源,并在项目周期的不同阶段不断增加、提取、修改和更新信息,既为项目管理工作提供决策依据,也利于参建各方的协同协调工作(Chen et al.,2014;葛曙光等,2017),以实现资源的有效整合,显著节约成本,提高生产效率和缩短工期(孙景轶等,2020)。

BIM技术以数字化表达建设项目的功能和物理特性,以及以此为依据进行的设计、施工和运营活动和结果(赵继伟,2016;唐森骑,2020)。随着数字化、信息化、智能化技术的发展以及工程规模、工程需求的扩展,BIM的发展受到越来越多的重视。我国从2001年开始进行信息化探索。2010年住房和城乡建设部宣布BIM是"十大建筑业新技术"中的信息化关键应用技术,科学技术部在"十二五"科学技术发展规划中明确宣布BIM技术为国家重点研究和应用项目。因此,2011年被称为"中国BIM的元年"。

住房和城乡建设部工程质量安全监管司对BIM给出的定义:BIM技术是一种应用于工程设计建造管理的数据化工具,通过参数模型整合各种项目的相关信息,在项目策划、运行和维护的全生命周期过程中进行共享和传递,使工程技术人员对各种建筑信息做出正确理解和高效应对,为设计团队以及包括建筑运营单位在内的各方建设主体提供协同工作的基础,在提高生产效率、节约成本和缩短工期方面发挥重要作用。BIM其实是由不同的工具、技术和合约支持的一个信息处理过程,包含描述建筑物构件的几何信息、专业属性、状态信息及非构件对象(如空间、运动行为)的状态信息等。借助这个包含建筑工程信息的3D模型,大大提高了建筑工程的信息集成化程度,从而为建筑工程项目的相关利益方提供了一个工程信息交换和共享的平台。

由以上定义可知,BIM是一个完整的建筑信息库,可以将工程项目在全生命周期中各个不同阶段的工程信息、过程和资源集成在一个模型中,方便工程各参与成员使用(王丽佳,2013;包蔓,2017)。它常被认为是可视化和协调建筑工程施工的工具,可以避免施工事故,提高生产效率,为施工项目的进度、安全、成本和质量管理提供有力支持,是真实反映现实问题的模拟(赵继伟,2016;韩笑影,2017)。利用BIM可以在项目真正动工前,先由计算机模拟一遍整个建造过程,以便检查设计和施工方案中存在的问题(Chen et al.,2014;熊剑等,2015)。BIM主要应用于建筑工程项目,它可以生成并跟踪一个建筑项目从设计到运营维护的整个生命周期中产生的信息,在编写进度和估算计划、管理变更以及现场安全方面有很大作用。

对BIM中"M"认识包括三个层次:3D建模(model)、BIM模型(modeling)及BIM应用管理(management)。

(1) 3D建模是建筑物的物理模型,可以对已有2D、3D资料进行整理和矢量化,在3D设计软件环境下完成3D建模。常用的3D设计软件有CATIA、AutoCAD和MicroStation等。在这一层次,BIM中的M(model)是一个静态的概念,强调的是3D设计成果的准确性。

与传统的三视图相比,建筑物的形态表现更加直接,便于使用者快速形成建筑物的整体印象,具有强烈的示意特性。思维过程是从整体到局部,先有建筑物的整体形态,再深入到具体尺寸等细节,这已经发生了较大变化。

(2) 3D 模型只有建筑物形象,数据只包含几何尺寸等简单信息,大量的属性信息无法直观呈现。因此,需建立 3D 几何模型与属性数据库之间的关联关系,形成 BIM 模型。BIM 具有数据类型复杂、数据量大、数据关联多等特点,BIM 的数据支撑是工程数据库。在实际工程中需要研究对象数据模型与关系数据库的映射关系,建立基于多维数据结构的工程数据库,实现建筑生命期复杂信息的海量存储、数据管理、高效查询和传输(刘兴淑等,2012)。在这一层次,BIM 中的 M(modeling)是一个动态的概念,不仅是施工阶段实体几何造型的变更,也是多维信息的打通与关联,是施工阶段项目管理业务流程的建模。

(3) BIM 模型建立后,如何在管理中发挥作用极为关键,否则就失去 BIM 开发的意义。BIM 作用发挥的程度基于管理者需求,同时也需要管理团队在项目范围内形成良好的信息技术思维方式和行为规范,促进 3D BIM 平台上的二次开发,使 BIM 功能充分满足管理者的需求,完成各种管理任务。

BIM 的管理支撑是数据集成平台。BIM 是一个面向建筑生命期的完整工程数据集,它具有单一工程数据源,随着工程进展不断扩展、数据集成,最终形成完整的信息模型。因此,需要开发一个 BIM 数据集成平台系统,建立 BIM 数据的保存、跟踪和扩充机制,实现模型数据的读取、保存、提取、集成、验证和 3D 显示,并能够支持基于 BIM 技术的各种应用软件的开发和应用,实现建筑生命期各阶段的信息交换和共享。在这一层次,BIM 中的 M(management)是一个管理的概念,即它是最终服务于管理的工具。

3.1.2 BIM 特征

BIM 的核心是通过建立虚拟的建筑工程 3D 模型,利用数字化技术,为这个模型提供完整的、与实际情况一致的建筑工程信息库。该信息库不仅包含描述建筑物构件的几何信息、专业属性和状态信息,还包含了非构件对象(如空间、运动行为)的状态信息。借助这个 3D 模型,可以有效提高建筑工程的信息集成化程度,为建筑工程项目的利益相关方提供信息交换和共享平台(杨建峰等,2020)。

BIM 是项目建立和运行方式的基础。BIM 的目的是为业主提供所希望获得的信息,以便业主在设计、建造和运营过程中做出更好的决策。业主可以在合同中设置具体信息要求,以确保 BIM 能在正确的时间以适当的格式提供所需信息。从广义上讲,可能需要的建筑信息有:2D、3D、4D(包括时间/节目信息)、5D(包括成本信息)、6D(包括设施管理信息)。

BIM 有如下特征:

(1) 可应用于建设工程项目的全生命周期,而不仅是在设计中应用;

(2) BIM 的数据库是动态变化的,在应用过程中不断在更新、丰富和充实;

(3) 为项目参与方提供了协同工作的平台。

BIM 是一种先进技术的理念，也是解决工程问题的有效方法。通过 BIM 模型可以实现工程几何信息、物理信息、成本信息、施工信息、运营信息等的集成，并为各参与方提供信息平台，以提取不同阶段不同参与方所需要的工程信息，实现信息的有效共享。模型是 BIM 的核心，通过模型能够实现信息的集成；信息是 BIM 的灵魂，通过信息平台能够实现信息的共享与协同；实现工程项目的管理是 BIM 的关键，通过信息管理能够实现工程项目的最大效益(沙名钦，2019)。

3.1.3 BIM 功能

BIM 基于数据建模技术、计算机技术、互联网技术、5G 通信技术和物联网等技术实现可视化、协同性、可模拟性和优化性等功能，其核心技术和主要功能如图 3-1(朱云龙，2015)所示。

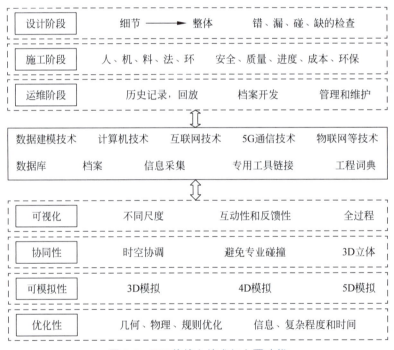

图 3-1 BIM 的核心技术与主要功能

BIM 的主要功能如下：

1. 可视化功能

可视化是 BIM 的重要功能，一般指将数据转换成图形或者图像在屏幕上显示出来，并可以进行交互处理，这一功能涉及计算机图形学、图像处理、计算机视觉、计算机辅助设计等多个学科领域。对于建筑业而言，可视化真正运用在建筑业的作用是非常大的，例如经常拿到的施工图纸，只是各个构件的信息在图纸上用线条绘制的表达，往往是 1D 或者 2D 形象，而实际建筑形式是 3D 的，因此难免在读图过程中出现误差。BIM 可视化功能形象地将3D实物交互展示在工人面前,将设计图、施工图以及经济核算衔接得更加方便、快捷。

2. 协同性功能

协同性功能主要体现在设计、施工、监理内部以及相互之间的交互过程中。由于设计与施工沟通不及时,常导致施工理解差异等问题,这就需要及时协调与变更。BIM的协同性服务可以协助处理此类问题,阐明问题同时给出问题的协调解决办法,解决各专业间的碰撞问题,同时还可以解决结构物空间交叉、不同工种施工干扰等问题。

3. 可模拟性功能

在设计阶段,BIM可以根据设计进行一些模拟实验。在招投标和施工阶段可以进行4D模拟(3D模型加项目的发展时间),也就是根据施工的组织设计模拟实际施工,从而确定合理的施工方案来指导施工。此外还可以进行5D模拟(基于4D模型加造价控制),实现成本控制;后期运营阶段可以模拟日常紧急情况的处理方式,例如地震人员逃生模拟及消防人员疏散模拟等(朱云龙,2015)。

4. 优化性功能

BIM的可视化、信息化等功能通常可以辅助实现整个设计、施工、运营过程的优化,提高项目绩效。

具体而言,BIM对工程不同阶段的管理应用可以分为设计阶段的BIM协同管理、施工阶段的协调与控制管理、运维阶段的管理与监控。

1. 设计阶段

设计是工程项目的龙头,项目功能和实施过程的管理效果都依赖于设计,高质量的设计成果是顺利完成项目实施的基础。BIM信息平台用于设计协调,可以快速进行错、漏、碰、缺的检查,有助于及时发现问题并纠正。各专业设计部门可以通过BIM平台进行协同工作,能够同时获取并处理公共信息,而几乎没有信息损失。BIM平台能够使各专业设计部门深度融合,有利于不同专业间相互借鉴与协调工作,提高工程设计绩效。设计方可以利用BIM的模拟性功能进行方案筛选,演练不同的行动方案和使用场景。BIM平台改变了传统的平面制图方式,也使设计者的思维视角更为系统全面,有利于提高设计设定设备物资参数和施工信息的准确性,提高设计质量,有效减少施工阶段因设计失误产生的设计变更。

2. 施工阶段

施工阶段是工程项目最为复杂的管理阶段,无时无刻不在进行"人、机、料、法、环"的协调与监控,同时还要进行安全、质量、进度、成本、环保等管理。施工阶段管理的目标是在保证项目功能和质量达标的前提下不断提高劳动生产率,降低资源消耗。利用BIM平台可以对施工阶段各环节所有项目作业数据进行监测、适时分析和指导纠偏,并对作业和资源使用情况实时记录存档。BIM 平台涉及的信息全部是 3D 模型的属性,具有实时、实地、实据、实人的特点;除了在过程中的应用外,还可以对过程进行回放,有利于总结和提高。

3. 运维阶段

BIM 模型可以将前两个阶段积累的过程以 3D 模型的方式进行记录,在运维阶段的项目管理中可以利用 BIM 技术查询历史记录、回放、提取有用的数据,为管理和维护服务。

3.1.4 BIM 标准

BIM 在基础建造行业体现出巨大优势,可以使建筑项目的信息在全生命周期各阶段无损传递,大大提高信息的传递效率,进而实现各工种、各参与方的协同作业。国外多个国家都制定了相应的 BIM 标准体系,相关标准是各国针对自身发展情况制定的指导本国实施 BIM 的操作指南。我国对 BIM 的研究还处在发展期,亟需进行 BIM 标准化来规范建筑业的发展。目前,国际上已发布的 BIM 相关标准主要分为两类:一类是由 ISO 等认证的相关行业数据标准,另一类是各个国家针对本国建筑业发展情况制定的 BIM 标准,如表 3-1 所示(王婷,2018)。

表 3-1 BIM 相关的国际标准

发布时间	国家/机构	标 准 名 称
2007 年	美国	National BIM Standard-United States™ Version 1
2008 年	美国	E202-2008"Building Information Modeling Protocol (BIM)Exhibit"
2009 年	英国	AEC (UK) BIM Standard
2010 年	英国	AEC (UK) BIM Standard for Autodesk Revit
2010 年	韩国	《建筑领域 BIM 应用指南》
2010 年	韩国	《设施管理 BIM 应用指南》
2012 年	美国	National BIM Standard-United States™ Version 2
2012 年	新加坡	Singapore BIM Guide(1.0 版)
2012 年	加拿大	ACE(CAN)BIM Protocol v1.0
2014 年	新西兰	New Zealand BIM Handbook
2015 年	美国	National BIM Standard-United States™ Version 3
2018 年	ISO	ISO 19650-1:2018,ISO 19650-2:2018

BIM 在英国、美国、新加坡、韩国等国家的应用率及普及程度非常高,在各个领域都得到了广泛应用。在这些国家的工程项目实际应用中 BIM 也成功为项目建设创造了一定的价值(王婷,2018)。

我国并未在建筑生命周期范围内大规模地使用 BIM 技术,以及在此基础上实施全面信息管理,主要原因为建筑信息模型标准体系的缺失。建筑业的信息化依赖于不同阶段、不同专业之间的信息传递标准,建立一个全行业的标准有利于整体体现 BIM 的优势和价值,对建筑企业管理从粗放型转为精细化管理具有积极促进作用。近年来,我国从国家层面制定了一系列 BIM 相关标准,见表 3-2。

表 3-2 我国部分 BIM 国家级标准

发布时间	发布单位	标 准 名 称
2011 年 5 月	住房和城乡建设部	住房和城乡建设部工程质量安全监管司
2012 年 1 月	住房和城乡建设部	《关于印发 2012 年工程建设标准规范制定修订计划的通知》
2013 年 8 月	住房和城乡建设部	《关于征求关于推荐 BIM 技术在建筑领域应用的指导意见(征求意见稿)的函》
2013 年 11 月	住房和城乡建设部	《"建筑工程信息应用统一标准"征求意见稿发布》
2013 年 2 月	住房和城乡建设部工程质量安全监管司	《住房和城乡建设部工程质量安全 监管司 2013 年工作要点》
2013 年 8 月	住房和城乡建设部工程质量安全监管司	《关于征求关于推荐 BIM 技术在建筑领域应用的指导意见(征求意见稿)的函》
2014 年 2 月	住房和城乡建设部工程质量安全监管司	《住房和城乡建设部工程质量安全监管司 2014 年工作要点》
2014 年 7 月	住房和城乡建设部	《关于推进建筑业发展和改革的若干意见》
2015 年 6 月	住房和城乡建设部	《关于推进建筑信息模型应用的指导意见》
2016 年 8 月	住房和城乡建设部	《2016—2020 年建筑业信息化发展纲要》
2016 年 12 月	住房和城乡建设部	《建筑信息模型应用统一标准》
2017 年 2 月	国务院办公厅	《关于促进建筑业持续健康发展的意见》
2018 年 1 月	住房和城乡建设部	《建筑信息模型施工应用标准》
2019 年 6 月	住房和城乡建设部	《建筑工程设计信息模型制图标准》

除了国家层面的 BIM 标准外,我国各省市也相继出台相关政策,例如上海市 2014 年颁布的《上海市推进 BIM 技术应用指导意见》、北京市 2014 年颁布的《民用建筑信息模型设计标准》、天津市 2016 年颁布的《天津市民用建筑信息模型(BIM)设计技术导则》以及广东省 2014 年颁布的《关于开展建筑信息模型 BIM 技术推广应用工作的通知》等。

3.1.5 BIM 技术的优势及局限

BIM 技术应用是建筑业、基础设施行业未来的重要发展方向,给工程项目的管理带来巨大变革。BIM 的技术基础是计算机技术、互联网技术、5G 通信技术和物联网技术,这些技术的发展将不断给予 BIM 强大的生命力,向管理要效益、提高管理的科学化水平是 BIM 技术发展应用的内在动力。

就工程建设项目而言,传统的管理方式主要依赖经验判断,特别是大型复杂的建设项目,其管理水平取决于管理团队领导者和成员的经历和知识积累。信息的处理依靠经验,信息传递和存储以纸质文件为载体,很多时候以口头方式传递信息,这导致信息的丢失、遗漏、混乱,信息漏斗现象十分普遍。计算机技术的发展催生了信息技术,各种信息管理系统不断涌现,为工程建设项目的管理向科学化、集约化、扁平化发展奠定基础,但应用基本集中在设计咨询机构的内部业务,没有考虑建设施工单位的管理诉求。而基于 BIM 技术的工程项目管理平台以其可视化、协调性、模拟性和优化性的特征,将设计、施工、运维的项目全生命期的管理整合起来,可以满足不同利益相关方的需求。

工程及项目管理的基本需求在于协调。通过建立 3D 可视化的几何模型,实现项目实体属性与生命周期内过程属性的信息关联,有利于归纳整合不同信息源的数据。构建项目 BIM 管理平台,能够极大提升项目利益相关方间沟通协调的准确度和速度,项目的指挥、控制和数据处理也都可以依托 BIM 管理平台进行。与传统方法相比,3D 可视化模型大大提高了信息传递的精准性,减少了混乱和矛盾,避免错误和重复动作,提升管理的效率。

BIM 的应用对项目质量的提升具有显著促进作用,具体表现为:

① 提高效率和精度,促进设计评价和沟通;

② 减少文档与项目团队协调而产生的错误,将冲突最小化;

③ 仿真优化,性能更好,成本更低;

④ 工程文件自动生成,生成精确一致的信息;

⑤ 早在设计阶段就向设备管理提供及时的相关信息,降低维护成本和时间;

⑥ 集成项目全生命周期信息、促进项目参与方之间的协同作业、提高对各类项目信息的有效管理、优化与利用等优势(Bryde et al.,2013;Migilinskas et al.,2013;陈明欣,2017)。

斯坦福大学总结了 32 个采用 BIM 的项目案例,提出了 BIM 在建筑中应用的主要优势(沈春,2018),包括消除 40% 预算外的设计和工程变更、提高造价精确度估算至 3% 以内、缩短 7% 的项目工期、发现和解决冲突并降低 10% 的合同价格等。

但是 BIM 在建筑业的应用也存在以下局限(何清华等,2012;Ghaffarianhoseini et al.,2017;Azhar,2011):

1) 在项目运作过程中缺少统筹管理

BIM 涉及不同软件、技术和专业,其理念和技术为协同设计提供了新的平台,BIM 应用过程中协同设计不足,体现在不同项目之间、项目的不同阶段、专业及各利益相关方之间缺少统筹、协调管理,这对于能否充分发挥 BIM 的价值至关重要。

2) BIM 应用缺乏成熟的推广环境

同 BIM 应用较为成熟的国外发达国家相比,我国现有的建筑业缺乏较完善的 BIM 应用标准,对 BIM 应用的法律责任界限不明,推广 BIM 应用环境不够成熟。

3) 推行 BIM 综合应用模式是大规模运用到建筑业的重要前提

当前 BIM 的主要应用方式为设计方驱动,对发挥 BIM 的主要功能很有利。但是如果各利益相关方尤其是涉及业主、施工之间缺乏主动交互应用 BIM 的理念,会影响 BIM 的优势扩展和深入应用。目前国内工程应用,BIM 的优势主要体现在设计阶段,而施工阶段和运营管理阶段的功能没有充分发挥。

4) BIM 理念贯穿项目全生命期，但各阶段缺乏有效管理集成

BIM 将信息贯穿项目的整个生命期，对项目的建造以及后期运营管理综合集成意义重大。然而，我国应用的 BIM 大多数基于个别专业、个别项目或业主的需求，BIM 在项目全生命周期集成的优势很难充分发挥。

总的来说，BIM 的应用成功与否受以下因素的影响：

① 应用个人特征因素，如使用者的 IT 技能、学习能力和以前的工作经验；

② 环境因素，即公开使用讨论 BIM 的工作环境和团队共享的文化；

③ 管理因素，开展 BIM 数字工作所采取的管理方法；

④ 技术因素，如支持 BIM 工作的信息技术本身功能、速度和可访问性，会影响创新使用 BIM 的传播。

3.2　BIM 应用发展及案例

随着 IT 技术的高速发展，信息技术与各领域传统技术的跨界融合催生了一次又一次的技术与产业革新，不断改变传统工作模式，大大提升了各行业的工作和生产效率。在建筑业，以 BIM 为代表的技术已日益成为建设领域信息技术的研究和应用热点，BIM 的应用价值已经得到各国政府的高度关注和行业的普遍认可，是推动建筑业变革的革命性力量。

3.2.1　国外发展情况

BIM 技术最早应用在伦敦希思罗机场的建造中，之后在美国逐渐发展起来。20 世纪 90 年代，美国 12 家公司为探索不同软件协同工作的可能性而研究出 IFC(industry foundation classes)信息交换格式；随后成立 IAI 组织(International Alliance for Ineteroperability)将 IFC 向建筑领域的组织和软件开发商开放，以通过 IFC 实现建筑业不同专业和不同软件使用相同数据源进行数据共享和交互。

Amir Nourbakhsh 和 Mojgan Kouhpayehzadeh(Romberg et al.,2004)基于严格的 3D 模型，提出了一种支持不同项目利益相关方(如建筑师和工程师)之间合作的计算机辅助方法。由 IFC 描述软件体系结构中心的产品模型，从中提取几何模型，并自动将其转移到作为各种模拟任务基础的计算模型。Lee 等(2006)研发了基于 ISO 10303 的产品模型，解决了在传输和共享项目数据时的数据丢失等问题，提出了对现有的 BIM 工具集成的建筑信息进行有效管理的框架，以实现一个集成的计算机平台对数据进行有效的管理。Kang 等(2015)提出了将 BIM 有效集成到基于地理信息系统(GIS)的设施管理(FM)系统中的软件体系结构。Giel 等(2011)进行了 BIM 促进成本节约的相关研究，选取三个案例研究的数据，估算了投资者选择 BIM 作为附加服务的潜在成本节约，表明 BIM 是一项有价值的投

资,大力推行了 BIM 的应用。Shim 等(2011)为解决 BIM 技术应用于实际桥梁项目中的障碍,提出了桥梁的可扩展信息模式,以实现不同设计和施工过程之间的互操作性。

以下详细介绍 BIM 在美国、英国和俄罗斯的发展过程。

1. 美国

BIM 发展关键词为政策鼓励、技术扶持、市场导向(图 3-2)。

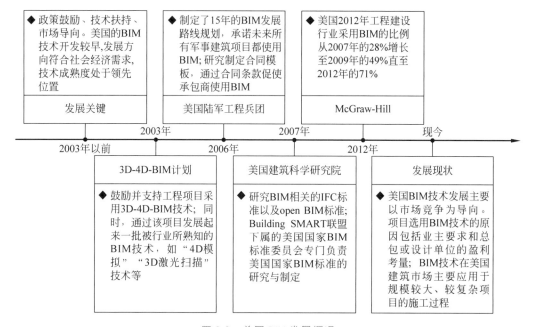

图 3-2 美国 BIM 发展概况

美国的 BIM 技术开发较早,发展方向符合社会经济需求,技术成熟度处于领先位置。

2003 年,美国总务署(GSA,负责美国所有的联邦设施的建造和运营)实施了国家"3D-4D-BIM 计划"的项目,鼓励并支持工程项目采用 3D-4D-BIM 技术;要求自 2007 年起,所有美国大型项目都必须应用 BIM 技术,最低要求是在项目验证和概念设计时提交 BIM 模型;同时,通过该项目发展起来一批被行业所熟知的 BIM 技术,如"4D 模拟""3D 激光扫描"技术等。

2006 年,美国陆军工程兵团(USACE,世界最大的公共工程、设计和建筑管理机构)制定了为期 15 年的 BIM 发展路线规划,承诺未来所有军事建筑项目都将使用 BIM 技术;为此,美国陆军工程兵团还研究制定了合同模板,通过合同条款促使承包商使用 BIM。

2007 年,美国建筑科学研究院下属的信息技术专委会"Building SMART 联盟"成立,研究 BIM 相关的 IFC 标准以及 open BIM 标准。"Building SMART 联盟"下属的美国国家BIM 标准委员会专门负责美国国家 BIM 标准的研究与制定,并于 2007 年 12 月发布第一版BIM 标准,2012 年 5 月发布第二版 BIM 标准,2015 年 7 月发布了第三版 BIM 标准。

目前,美国 BIM 技术发展主要以市场竞争为导向。项目选用 BIM 技术的原因主要包括业主要求和总包或设计单位的盈利考量。McGraw Hill 的调研结果显示,美国工程建设行业采用 BIM 的比例从 2007 年的 28% 增长至 2009 年的 49% 直至 2012 年的 71%。2013 年,美国建筑业内半数以上企业使用 BIM 或 BIM 相关工具,1/3 的企业在 60% 以上的项目中使用 BIM。BIM 技术在美国建筑市场主要应用于规模较大、较复杂项目的施工过程,一般要求施工企业拥有较强的技术资源。BIM 技术已经逐渐成为莫特森和特纳等大型施工企业的核心竞争力之一,并通过 BIM 技术代替了传统的 2D 图纸(杰里·莱瑟林等,2013)。

2. 英国

BIM 发展关键词:政府强制、数字资产。

英国政府要求强制应用 BIM 技术。2011 年 5 月,英国发布了《英国政府建筑业战略》(*Government Construction Strategy*)文件,明确"到 2016 年,政府要求全面协同 3D-BIM,所有的政府投资项目都要应用 BIM 技术,并将全部的文件以信息化管理"。

英国的设计公司在 BIM 实施方面处于行业领先地位。2013 年,英国建筑师协会制定新的建筑设计工作流程,强调以项目实施结果为导向,加强 3D 技术应用的设计思想。例如,Hawkins/Brown 设计公司有超过十年的 3D 设计和 BIM 技术应用经验,在 40% 的项目中应用了 3D 技术;Foster Partners 设计公司拥有专业的 3D 设计团队,在项目设计全过程,可按照业主需求并结合项目特点,应用 Bentley 公司的 MicroStation、Autodesk 公司的 Revit 等 3D 设计软件,完成环境分析和仿真、参数化建模等工作。

在施工领域,投资 148 亿英镑的英国 Crossrail 铁路工程是欧洲最大的基础设施建设项目。Crossrail 项目将 BIM 应用提升到战略高度,着力研究 BIM 技术发展和 BIM 信息管理系统数据采集,以 BIM 贯穿了建设过程,以求最大程度应用 BIM 数据和技术,实现资产全生命周期管理。Crossrail 项目采用 Bentley 公司系列软件产品(MicroStation 软件、eB 软件、ProjectWise 软件),以资产交付需求为导向,在建设好实体铁路资产的同时,形成并向运营商移交一套对应的虚拟资产。通过使用受信任的"单一真实的信息源"数据管理方法,改进了设计和施工过程,促进设计和施工的协同化工作。据估算,Crossrail 通过应用 BIM 技术每年可节约 500 万英镑的投资,预计待 BIM 系统的数据移交运营和维护环节后,会带来更高的效益。

3. 俄罗斯

BIM 发展关键词:全生命周期管理、进度仿真。

俄罗斯国家核电工程公司(NIAEP)是俄罗斯核电站解决方案领先供应商。其项目涉及核电站设计、施工管理、设备采购和工程总承包 EPC 服务等领域。NIAEP 积极探索前沿信息管理技术,并最终选择了达索系列产品(CATIA 软件、ENOVIA 软件、DELMIA 软件)的全套解决方案支撑全生命周期管理。基于达索系列产品,NIAEP 在系统二次开发和深化应用中自主研发了 Multi-D 系统,为实现多源设计成果整合应用、工程信息与 3D 模型集成、基于 P6 的施工进度模拟仿真和设计施工一体化等提供了坚实的技术支撑,对提高建设质量、缩短建设周期和减少项目成本投入等发挥了重要作用。

在罗斯托夫核电站项目中,BIM 技术的运用使项目提前 2 个月完成,工期缩短 4.3%,创造了 21 亿卢布的经济效益。在立陶宛依格纳利纳核电站冻结项目中,运用 BIM 技术模拟重点施工工序,并调整施工计划,帮助 NIAEP 减少 130 天工期,工期缩短幅度达 8.3%。在火电项目中,使用 BIM 技术整合设计承包方 3D 模型数据实现了项目管理信息化,缩短了 20%的工期,成功控制了项目成本。

3.2.2 我国 BIM 技术发展及工程案例

2002 年前后,我国逐渐开始接触 BIM 的理念和技术,与欧美发达国家相比,尽管 BIM 研究起步相对较晚,但目前在建筑工程领域应用较为成熟(图 3-3)。2001—2005 年,《"十五"科技攻关计划》期间,建筑领域展开了对于 BIM 技术的相关研究,例如,基于 IFC 标准的结构设计和施工管理软件和基于 IFC 标准的建筑工程应用软件研究等。2006—2010 年"基于 BIM 技术的下一代建筑工程应用软件研究"进行了基于 BIM 技术的成本预测、节能设计、建筑设计、施工安全以及施工优化等软件的开发,也被列入《"十一五"科技攻关计划》重点项目"建筑业信息化关键技术研究与应用"中。

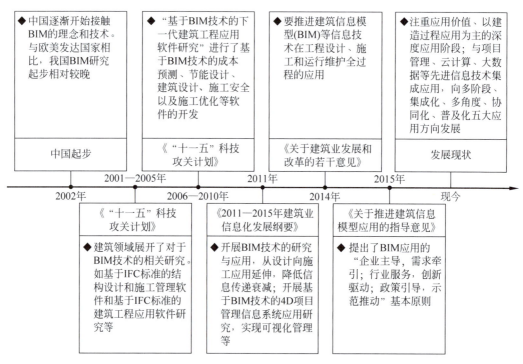

图 3-3 我国 BIM 发展概况

2011 年,住房和城乡建设部发布了《2011—2015 年建筑业信息化发展纲要》,指出在施工阶段开展 BIM 技术的研究与应用,推进 BIM 技术从设计向施工的应用延伸,降低信息传递过程中的衰减;同时开展基于 BIM 技术的 4D 项目管理信息系统在大型复杂工程施工过程中的应用研究,实现对建筑工程的可视化管理等。2014 年,住房和城乡建设部发布了《关于建筑业发展和改革的若干意见》(建市〔2014〕92号),指出要推进建筑信息模型(BIM)等信息技术在工程设计、施工和运维全过程的应用。

2015年,中国住房和城乡建设部印发《关于推进建筑信息模型应用的指导意见》,提出了BIM应用的"企业主导,需求牵引;行业服务,创新驱动;政策引导,示范推动"基本原则;同时提出了"到2020年年底,建筑业甲级勘察、设计单位以及特级、一级房屋建筑工程施工企业应掌握并实现BIM与企业管理系统和其他信息技术的一体化集成应用。以国有资金投资为主的大中型建筑以及申报绿色建筑的公共建筑和绿色生态示范小区新立项项目勘察设计、施工、运营维护中,集成应用BIM的项目比率达到90%"的发展目标。

BIM技术在我国建筑业的应用已逐渐步入注重应用价值、以建造过程应用为主的深度应用阶段,并呈现出BIM技术与项目管理、云计算、大数据等先进信息技术集成应用的特点,正在向多阶段、集成化、多角度、协同化、普及化五大应用方向发展。BIM正在我国飞速发展和普及,上海中心大厦、上海迪士尼等大型项目要求在全生命周期中使用BIM。很多项目将BIM写入招标合同,BIM已经逐渐成为企业参与项目的门槛。近年来,我国采用BIM技术实施的典型项目情况如表3-3所示(中国BIM门户网站,2019;Building SMART国际组织网站,2019)。

表3-3 我国近年来BIM典型应用案例

项目名称	BIM功能应用	BIM应用效果
国家会展中心	各专业模型与主体结构模型合模	模型修正、解决施工矛盾、消除隐患、减少返工
上海老港再生能源利用中心	采用BIM建模设计	节约设计工期、提高设计深度、节约成本
天津117大厦	应用GBIMS施工管理系统、建立BIM数据中心与协同应用平台	信息集成、协同工作、精细化管理、节约成本、提升管理水平、建设标准化
珠海歌剧院	利用BIM实现参数化座位排布和视线分析、3D建模BIM技术施工	了解每个座位的视线效果并及时调整、便于施工
上海中心大厦	采用BIM建模设计	推进设计优化、协同工作、精细化管理
上海北外滩白玉兰广场	利用BIM建筑信息模型设计和制造	提高施工效率、节约建设用材、设备重新利用、建设标准化、模块化
上海迪士尼	利用BIM模拟完成效果	保证技术实时准确性、节约成本
沈阳云龙湖大桥	BIM模型可视化、信息集成、BIM现场3D交底	保证信息沟通准确、优化施工工序、降低成本、有效规避安全质量风险
水立方	钢结构设计	协同各设计专业的内容、项目集成、缩短工期
天津港国际邮轮码头	异形设计、功能模拟设计	缩短设计工期、提高设计质量
腾讯北京总部	协调图纸会审和优化、关键部位施工模拟、无纸化施工	多方协同、信息交互、深化设计、实现实时动态可视化施工管理

案例来源:Building SMART国际组织网站、中国BIM官方论坛、中国钢结构资讯网

现阶段我国对BIM的应用主要在建筑结构设计阶段,在全生命周期的综合应用相对较少(陈威等,2012),主要应用于空间形态复杂、施工难度高的建筑工程,以充分发挥其可视

化优势。BIM技术的应用有利于提高设计深度,促进参建各方的协同工作和精细化分工,节约建设成本;但同时仍需重点关注各参与方之间的协同沟通问题(Qin et al.,2017)。

3.3 水电工程应用BIM案例

BIM技术在建筑业提出并应用以后,已经逐渐拓展到各工程建设领域。住房和城乡建设部将BIM技术列为实现工程领域信息化的重要发展课题,BIM技术的推广及应用逐渐成为建筑业实现信息化甚至智能化改革的重要手段之一。

随着BIM技术的发展,我国水电工程建设逐步引入BIM技术,并在多个大型水电工程中得到了应用。其中,在设计阶段主要应用于2D或3D施工图的导出、协同设计、节能分析、方案优化、结构分析、安全分析、结构交叉分析和碰撞检测等;施工阶段主要应用于施工组织设计优化、施工模拟、安全、质量、进度、成本和资源管理等;运维阶段主要应用于基于设计和施工信息进行的设备管理、运营方案优化、运营维护管理(余卓憬等,2018;徐友全等,2016)。BIM技术为水利工程项目提供了良好的进度管理信息交互平台,但是目前主要是在设计阶段取得了一定的成就,以可视化、动态化的方式进行管理成为BIM技术应用在水电工程中的重点。

3.3.1 设计阶段

1. 乌东德水电站枢纽工程多专业BIM设计工作

BIM技术在水电工程设计阶段的应用已较为成熟。乌东德水电站枢纽工程基于长江勘测规划设计研究院的CATIA 3D协同设计平台,并嵌入设校审过程管理机制(李小帅等,2017)(图3-4)。

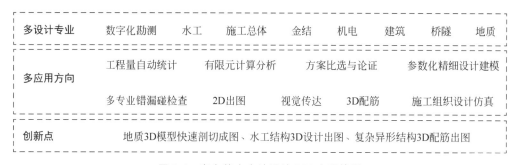

图3-4 乌东德水电站设计BIM应用情况

乌东德水电站枢纽工程设计环节融入BIM标准体系,开展了大量的BIM设计建模,提高了设计的准确度和效率,涵盖数字化勘测与地质、水工、桥隧、建筑、机电、金结、施工总体等多专业(图3-5)。在工程勘测设计的不同阶段开展"方案比选与论证、多专业错漏碰检查、参数化精细设计建模、有限元计算分析、工程量自动统计、2D 出图、3D 配筋、施工组织设计仿真、视觉传达"等多方位的专业性 BIM 应用工作,并且重点研发解决了水工结构 3D 设计出图、地质 3D 模型快速剖切成图、复杂异形结构 3D 配筋出图等难题。

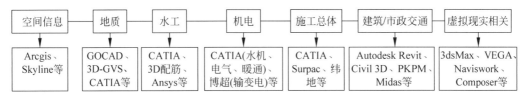

图 3-5　各专业软件配置情况

通过乌东德水电站枢纽工程 BIM 设计的实施,初步形成了融合设计经验和规则的 3D 模板库,可以为相似工程提供借鉴。其中水工参数化模板库和机电专业标准件库分别扩充至 500 量级和 2 万量级。初步实现了 3D 设计 2D 出图,大大提高了设计质量、效率和信息化程度(李小帅等,2017)。通过 CATIA 建模基础平台与 BIM 技术的对接,基本实现了对乌东德水电站枢纽工程导流洞 18000kN 固定卷扬式启闭机模型多阶段应用、多模块协同、3D 可视化展示、工程量统计、碰撞检测、工程图定制及成套出图等任务(邹今春等,2019)(图 3-6)。

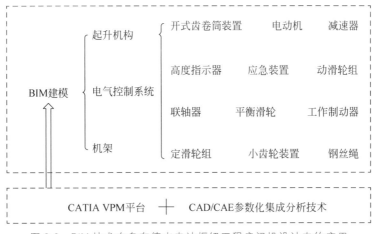

图 3-6　BIM 技术在乌东德水电站枢纽工程启闭机设计中的应用

2. 漆水河倒虹改建工程 BIM 设计工作

在漆水河倒虹改建工程中,工程的方案比选、2D 出图、模型创建、工程量统计等工作均全部应用 BIM 技术完成。同时对接无人机实景地形获取功能,可直接在 3D 展示中直观模拟方案布置、必选等。采用 VBA 语言二次开发搭接 BIM 技术,大大缩短了图纸的标注时间(白勇等,2017)。基于 BIM 信息化、数据化、可视化、可追溯的优势,减少了因图纸不明和理解偏差等引起的施工错误,提高了设计、施工质量(图 3-7)。

3. 上海国际航运服务中心西船闸设计工作

在 BIM 技术运用的基础上,运用系统工程理念,提出 BIM+理论进行船闸工程的建设

```
┌─────────────────────────────────────────────────────────────────────┐
│ 协同设计       文档按照统一的规则命名      新、旧版本同时存在      权限管理规则      │
└─────────────────────────────────────────────────────────────────────┘
┌─────────────────────────────────────────────────────────────────────┐
│ BIM建模        AECOsim building designer   建筑物建模    明渠开挖   实景建模     │
└─────────────────────────────────────────────────────────────────────┘
┌─────────────────────────────────────────────────────────────────────┐
│ BIM模型出图    结构图        钢筋图                                          │
└─────────────────────────────────────────────────────────────────────┘
┌─────────────────────────────────────────────────────────────────────┐
│ 工程量统计     空间坐标信息    尺寸信息                                        │
└─────────────────────────────────────────────────────────────────────┘
```

图 3-7　漆水河倒虹改建工程 BIM 主要功能

(王学锋等,2015)。通过提出 BIM+理论,将 BIM 技术与 3D 打印、3D 水流数值模拟及互联网等技术进行有机结合,实现了船闸输水廊道、金属结构及输水系统等的设计优化,解决了水工预埋件验收及复杂异形多曲面结构施工问题,初步实现了基于 BIM+理论的船闸建设新模式(图 3-8)。

图 3-8　上海国际航运服务中心西船闸 BIM 设计

4. 昆明勘测设计研究院基于 BIM 的设计工作

BIM 技术优势在水电工程项目设计过程较为突出,2D 甚至 3D 可视化、更加直观的设计图、施工图方便技术人员更快更好地理解和讨论工程信息,并在此基础上进行优化设计,方便各方及时沟通与协同工作(刘涵等,2019)。由于 BIM 技术接口较为丰富,软件间数据流的优化整合可以通过融合 Inventor 建模软件、Revit 软件、InfraWorks 模型库、CIVIL 3D

等软件的优势,充分考虑各软件之间的接口与协调性,更加优质的建立不同构件模型。

设计院充分发挥各软件参数化工具中的公用数据分发联动,形成了以参数为核心,寻找上下序专业间的数据搭接点,并通过数据处理软件整合传统的计算书,进而真正实现参数驱动的全专业并行协同设计。因此,BIM技术在设计院设计工作的重要作用体现在强大的数据支撑、实时的协同设计和不同软件的全方位整合等。

5．两河口水电站

两河口水电站位于四川省甘孜州雅江县境内的雅砻江干流上,是我国大型水电能源基地雅砻江干流中游的控制性水库电站工程。挡水建筑物为土质心墙堆石坝,最大坝高295m,装机容量3000MW,为已建和在建的同类坝型中最高坝之一,设计、建造、管理的技术难度大。两河口水电站项目是国内第一个将3D数字化移交工作正式写入施工图设计阶段勘测设计合同的大型水电工程。合同约定:移交内容为地质、枢纽和机电厂房三部分,实现模型及属性的输出与呈现、模型与属性的版本管理、模型与属性的分期移交与浏览等功能。两河口水电站工程的勘测设计开展了数字化勘测与地质、水工、建筑、机电、施工等多专业BIM设计(图3-9),并在不同阶段开展"方案比选与论证、参数化精细设计建模、有限元计算

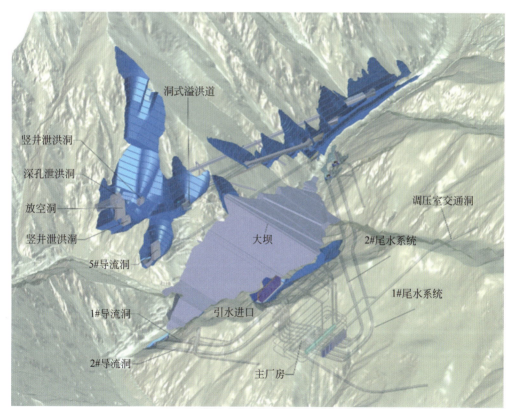

图3-9 两河口水电站项目BIM模型(成都勘测设计研究院提供)

分析、多专业错漏碰检查、工程量自动统计、施工组织设计仿真、视觉传达"等 BIM 应用。中国电建集团成都勘测设计研究院在两河口水电站筹建和建设期，就与建设单位一起开展顶层设计，以实现设计、施工、运营全生命周期数字化集成应用为目标，实现了 BIM 模型与工程管理的完美融合。其 BIM2.0 是将成都勘测设计研究院的数字化应用，成都勘测设计研究院延伸、推广 BIM2.0 到工程全产业链（图 3-10），将数字化的服务能力覆盖到工程价值创造的全过程，由独善其身，升级到合作共赢。

3.3.2 施工阶段

数字化管理是未来实现水电工程智能化建设的必经之路（樊启祥，林鹏等，2021），而 BIM 技术强大的数据管理功能为水电工程实现全面数字化奠定了坚实的基础。比如樊启祥、陆佑楣等（2019）基于 BIM 提出了水电工程智能建造管理平台 iDam 的技术体系，并构建了大坝全景信息模型 DIM（dam information model）数据中心，价值目标为多源数据集成、多方交互共享，形成数据资产。基于统一编码体系、编码规则，对设计成果进行整理、转换和矢量化，来构建水电工程 3D 结构模型；基于 GIS，形成工程场址 3D 原始地形地貌；基于工程规划和设计各阶段的地质探洞、地质钻孔、地质调查和地质力学试验等各方面的地质勘查成果，构建工程场址的 3D 地质模型；把 3D 结构、地形、地质模型叠加构成工程 3D 全景模型；以 3D 全景模型为基本信息载体，加载专业、时间、特性、属性等多维度定性定量信息，并动态融合基础数据、环境数据、过程数据、监测数据，集成技术标准与规范、施工过程、资源投入、试验检测、质检信息、实物成本、监测资料、文档资料及多媒体信息，形成基于最小单元信息模型的 DIM 数据中心。这个模型展现了工程初始设计状态、建设过程动态发展状态和建成后的竣工状态，反映了数字工程向实体工程的转变过程。

智能建造管理平台 iDam 的业务模块与协同工作关系（图 3-11）通过实时动态的定量统计和分析，消除要素变化带来的不确定性、提高流程的过程质量、增强工艺过程的控制能力、消除浪费降低成本，提高工程建设各环节、各工序、各工艺及系统的工作绩效。智能建造管理平台 iDam 通过在溪洛渡水电工程、乌东德水电工程和白鹤滩水电工程的全面、全过程应用，实现了生产科研设计一体化协同管理与决策，价值目标为跨单位、跨组织、跨标段共享协同交互工作。用于设计、施工、监理、科研、业主的协同管理，解决"信息孤岛""应用孤岛"和"资源孤岛"，实现多源数据、多维耦合动态仿真及全资源要素、全业务流程、全工艺过程等信息在业主、设计、施工、监理及科研单位间共享、协同与有序流动，达到工程建设信息的协同、业务的协同和资源的协同，实现工程一体化集成协同管理快速决策。

又如，国电大渡河流域水电开发有限公司从顶层设计出发进行 BIM 的应用布置，构建了"一中枢、多中心、四单元"的总体架构。同时为进一步深化 BIM 的功能，将 BIM 的应用专业分为智慧工程、智慧电厂、智慧调度、智慧检修 4 个模块，分批分块逐渐实现 BIM 的全

3.3 水电工程应用 BIM 案例

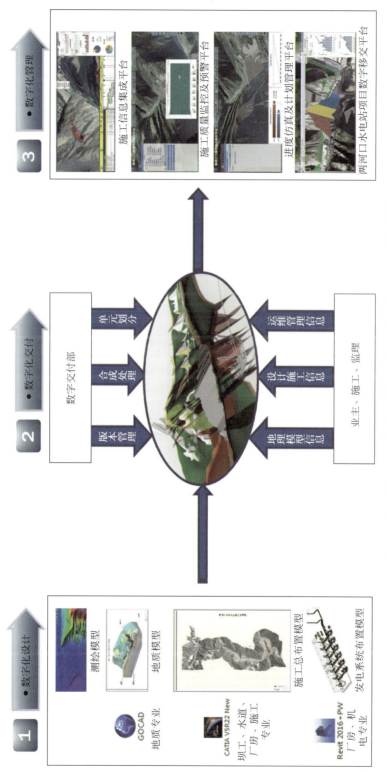

图 3-10 基于 BIM 数字化设计、交付和管理（成都勘测设计研究院提供）

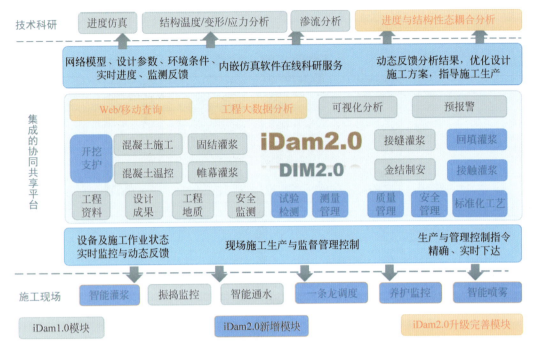

图 3-11　智能建造管理平台 iDam 的业务模块与协同工作关系（樊启祥等，2019）

方位应用。例如在沙坪二级电站建设过程中，基于工程 3D 协同设计技术创建了工程全信息 3D 模型，应用 3D 数字建造系统，实现了动态分仓与埋管埋件自动统计、工程施工进度管理、移动端电站综合信息 3D 展示等功能。在大岗山电站，实现隧洞、坝体、坝基、边坡等部位的动态监测（徐友全等，2016；余卓憬等，2018）。

3.3.3　运维阶段 BIM

基于水电站 BIM 模型，锦屏一级水电站实现了基于位置和状态的水电站可视化运维，利用信息技术和 BIM 模型对电站机组的各种数据进行数字化采集、传输、存储、管理，实时反馈和评价分析设备运行状态（图 3-12）。同时基于 BIM 对生产管理数据和实时监控数据进行挖掘分析利用，为电力生产精细化管控提供决策信息支持。但是受到数据挖掘算法以及实时交互效率等影响，BIM 在运维中提供的决策信息有效性尚有待进一步加强。

综上可见，BIM 技术已经逐渐渗透到水电工程项目管理的主要阶段，涉及多个专业和多个利益相关方，甚至在一些领域已经实现项目业主、设计和施工的协同应用，大大提高了组织接口管理的效率。同时 BIM 技术的应用使得水电工程项目在安全、质量、造价、进度以及智慧运维管理水平方面均有不同程度的提升。BIM 在水电工程中的应用潜力正在被逐渐挖掘出来，为进一步深化推广 BIM 技术打下了良好基础。但是，从目前情况来看，BIM 的应用还存在不足，尤其是在施工、运维一体化管理的应用仍有待加强。

图 3-12 机电设备综合信息管理

参考文献

AISH R. 1986. Building modelling：the key to integrated construction CAD［C］//CIB 5th International Symposium on the Use of Computers for Environmental Engineering Related to Buildings，Bath：7-9.
Autodesk. 2002. Building Information Modeling［EB/OL］. http：//www. laiserin. com/features/bim/autodesk_bim. pdf.
AZHAR S. 2011. Building information modeling (BIM)：trends，benefits，risks，and challenges for the AEC industry［J］. Leadership & Management in Engineering，11(3)：241-252.
BRYDE D，BROQUETAS M，VOLM J M. 2013. The project benefits of Building Information Modelling (BIM)［J］. International Journal of Project Management，31(7)：971-980.
Building SMART 国际组织网站，2019.［EB/OL］. http：//buildingsmart. be. no：8080/buildingsmart. com.
CHEN L J，LUO H B. 2014. A BIM-based construction quality management model and its applications［J］. Automation in Construction，46：64-73.
GHAFFARIANHOSEINI A，TOOKEY J，et al. ，2017. Building Information Modelling (BIM) uptake：Clear benefits，understanding its implementation，risks and challenges［J］. Renewable and Sustainable Energy Reviews，75：1046-1053.
GIEL B K，ISSA R R A. 2011. Return on investment analysis of using building information modeling in construction［J］. Journal of Computing in Civil Engineering，27(5)：511-521.
KANG T W，HONG C H. 2015. A study on software architecture for effective BIM/GIS-based facility management data integration［J］. Automation in Construction，54：25-38.
LEE S H，JEONG Y S. 2006. system integration framework through development of ISO 10303-based product model for steel bridges［J］. Automation in Construction，15(2)：212-228.
MIGILINSKAS D，POPOV V，JUOCEVICIUS V，et al. ，2013. The Benefits，Obstacles and Problems of Practical Bim Implementation［J］. Procedia Engineering，57(1)：767-774.
QIN H，ZHAO L，XAVIOR A，et al. ，2017. The advantages of BIM application in EPC mode［J］. MATEC

Web of Conferences, 100: 5058.

ROMBERG R, NIGGL A, Treeck C V. 2004. Structural Analysis based on the Product Model Standard IFC [J]. Oecologia, 114(1): 653-657.

RUFFLE S. 1986. Architectural design exposed: from computer-aided drawing to computer-aided design [J]. Environment and Planning B: Planning and Design, 13(4): 385-389.

SHIM C S, YUN N R, SONG H H. 2011. Application of 3D bridge information modeling to design and construction of bridges[J]. Procedia Engineering, 14: 95-99.

白勇,赵蕾蕾,张金辉,等.2017.基于BIM技术的漆水河倒虹改建工程设计与研究[J].电网与清洁能源,(7).

包蔓.2017.BIM在建设项目成本控制中的应用研究[D].成都:西南交通大学.

陈明欣.2017.基于BIM的建筑项目风险管理研究[D].邯郸:河北工程大学.

陈威,秦雯.2012.BIM在陈翔路地道工程中的应用[J].土木建筑工程信息技术,4(2):88-93.

樊启祥,林鹏,魏鹏程,等.2021.智能建造闭环控制理论[J].清华大学学报(自然科学版),61(7):660-670.

樊启祥,陆佑楣,周绍武,等.2019.金沙江水电工程智能建造技术体系研究与实践[J].水利学报,50(3):16-26.

樊启祥,张超然,洪文浩,等.2018.特高拱坝智能化建设技术创新和实践:300m级溪洛渡拱坝智能化建设[M].北京:清华大学出版社.

葛曙光,郭红领,黄志烨.2017.基于BIM的建筑物理性能分析方法[J].土木工程与管理学报,34(5):121-125.

韩笑影.2017.BIM技术在绿色建筑设计中的应用研究[D].长春:吉林建筑大学.

何清华,钱丽丽,段运峰,等.2012.BIM在国内外应用的现状及障碍研究[J].工程管理学报,26(1):12-16.

杰里·莱瑟林,王新.2013.美国BIM应用的观察与启示[J].时代建筑,(2):16-21.

李小帅,张乐.2017.乌东德水电站枢纽工程BIM设计与应用[J].土木建筑工程信息技术,(1):10-16.

刘涵,代红波.2019.BIM技术在水电项目设计中的应用[J].云南水力发电,(3):75-78.

刘兴淑,张连营.2012.基于信息模型的设备监理服务的实现[J].起重运输机械,(4):1-5.

沙名钦.2019.基于BIM技术的桥梁工程参数化建模及二次开发应用研究[D].南昌:华东交通大学.

沈春.2018.基于BIM技术的面板堆石坝进度管理优化研究[D].郑州:华北水利水电大学.

孙景轶,严紫蝶,高晨珂.2020.建筑信息数据库在教学实践中的应用研究[J].计算机产品与流通,(4):222.

唐森骑.2020.基于业主需求的全过程BIM咨询服务的实践与思考[J].建筑施工,42(4):663-665.

王丽佳.2013.基于BIM的智慧建造策略研究[D].宁波:宁波大学.

王婷,肖莉萍.2014.国内外BIM标准综述与探讨[J].建筑经济,(5):108-111.

王婷.2018.基于BIM的EPC项目信息管理体系研究[D].西安:西安科技大学.

王学锋,吴鹏程,赵渊,等.2015.基于BIM+理论的船闸工程建设新模式[J].水运工程,(12).

熊剑,汤浪洪.2015.基于BIM云技术的智能建造[J].建筑,(24):8-15.

徐友全,孔媛媛.2016.BIM在国内应用和推广的影响因素分析[J].工程管理学报,(2):31-33.

杨建峰,陈云,王铁力,等.2020.BIM技术在水利工程运维管理中的应用——以通吕运河水利枢纽工程为例[J/OL].水利水电技术:1-10.

余卓憬,郭占池,黄克戬,等.2018.水电工程BIM应用现状综述[J].人民长江,49(S2):170-172,191.

赵继伟.2016.水利工程信息模型理论与应用研究[D].北京:中国水利水电科学研究院.

中国BIM门户网站.2019.[EB/OL].http://www.chinabim.com/.

朱云龙.2015.天津周大福滨海中心项目深基坑支护结构稳定性研究[D].天津:河北工业大学.

邹今春,赵春龙,李岗,等.2019.BIM技术在乌东德水电站启闭机设计中的应用[J].制造业自动化,41(9).

第 4 章

基于BIM的水电工程项目组织管理

更好应用 BIM 技术实施水电工程项目管理是未来重要的发展方向。本章首先从项目提升建设质量、管理效率、行业发展等迫切需求出发,论述了水电工程项目管理与 BIM 技术融合的必要性;其次在借鉴成熟系统经验的基础上,提出了适合项目的 BIM 管理系统的功能要求、平台架构及组织要求;最后详细介绍基于 BIM 水电工程项目管理组织形式。

4.1 水电工程项目管理与 BIM 技术融合的必要性

很多学者将 BIM 理解为"更好的信息管理",笔者认为 BIM 是满足其企业战略目标的、以管理为导向的、一系列更好的信息技术的集成应用。BIM 技术承载并共享了工程全生命周期、可靠的信息。BIM 技术本身不改变项目管理的理念和管理内容,改变的是管理知识、工具和方法(沈柏等,2020)。运用 BIM 技术可以避免传统职能管理中各个部门之间联系不紧密的难题。BIM 技术的运用将使这些工作的数据产生、传输、处理、应用的方式发生颠覆性改变。BIM 技术通过 3D 模型形成可视化数据,改变了传统表单时的数据系统;海量数据可以不受阻碍地进行实时传输,项目运行原始数据的采集可以使用图像识别等新技术,这既方便又节省人力资源,还减少主观认识的误差。这些颠覆始终是对工具和方法的颠覆,项目关注的进度、费用、质量等价值观并未改变。

由第 3 章的 BIM 在水电工程应用案例分析可知,虽然目前国内各行业已经对 BIM 技术有相当程度的应用,但是在水电工程领域的应用仍然处于发展阶段,尤其项目管理的融合更是处于起步阶段。总结水电工程项目管理与 BIM 技术融合的必要性如下。

1. 是水电工程项目全生命周期信息化管理的迫切需要

BIM 技术是支撑资产全生命周期的信息的数字资源,BIM 技术是工程信息的载体,它向组织和参建各方共享可靠的信息。BIM 工作组是信息化工作团队的一个组成部分，应遵循信息化工作的一般方法。BIM 工作组的愿景是"智慧建造"或者"智能建造"。工作组的目标是确保信息在全生命周期内的平滑传递，保证在传递过程中的信息价值与信息的完整；职责主要集中于设计阶段、施工阶段、竣工阶段的 BIM 信息模型建立与应用。

2. 是水电企业职能管理和项目管理协同交互的需要

基于 BIM 信息流动的特点，可以实现水电工程各职能部门、各项目小组之间信息频繁交互的需求，职能部门可以及时了解各项目小组的资源需求，实现更好的资源分配，项目小组成员之间也可以更好地配合完成工作。而所有需求的实现和功能开发则可以基于 BIM 工作组成员的技术，BIM 工作组不同于传统业务部门，它是任务驱动的，包括：①基于工业开放标准，创建规范的详细 3D 模型；②确保 BIM 技术标准与终端用户的需求一致；③对合同要求施加影响，便于 BIM 模型的交付；④识别软件限制，进行软件选型，确保信息的完整性与质量；⑤掌握如何将建模标准与资产、进度、成本保持一致。基于 BIM 的水电工程项目职能管理方法和项目建造管理方法将分别在第 5、6 章论述。

3. 是水电企业提高核心竞争力的需要

数字化转型是大型基础设施建设领域的发展趋势。无论是业主单位，还是设计单位、施工企业、运营团队，其业务运行都离不开数据支持；数据的形成来源于信息的处理，BIM 使得信息的收集、传输、分析更加准确、快速和便捷，能够有效提高企业运行的效率和降低成本。企业的生存发展离不开 BIM 技术，在竞争日趋激烈的将来，BIM 带来的高效率和低成本优势将成为企业核心竞争力的重要组成，并逐渐形成企业最大的竞争优势，发展为企业可持续发展的根基。

以三峡集团发展规划为例，"十三五"打造"六个三峡"的框架，每年集团公司投资按大约 400 亿元投资计划进行计算，需融资金额约 260 亿元，实际每年资金计划的准确率按 85% 算，每年融资偏差为 39 亿元，造成的融资成本增加 2 亿元以上。这种成本的增加正是由于建设各环节独立、缺乏大协同作业平台等原因造成的。BIM 作为一个创新、协调、绿色、开放、共享的工程管理工作平台，能够有效地将各个环节的情况和数据进行统计、整合、分析，并方便、快捷地提供给相关部门和决策者使用，以达到数据共享、节省费用的目标。

4. 是水电行业发展需要

建筑业目前处在提高生产率、降低成本、最大限度减少建设过程浪费的持续压力之下。已有研究表明，建筑业存在大约 30% 的浪费。美国国家标准和技术协会的报告指出，因建筑业中存在的各生产环节独立、缺乏协同作业、项目设计与施工反复修改、大量重复工作等问题导致建筑业每年大约损失 158 亿美元(Dianne et al.,2007)。与其他行业相比，建筑业利润很低，即便是建筑业一直处于 20%~30% 高速增长的近些年，行业平均利润率也只有 2% 左右(同比第二产业的工业产值利润率为 7%)。

在国家提倡提质增效的大环境下,如何解决建筑业的低效率和浪费现象,是建设行业共同面临的一个难题。BIM 等信息技术的运用是解决这一问题最好的途径。BIM 系统采用 3D 可视化模型与用户需求、管理应用相结合,能够提升工程管理效率、提高精细化管理水平、节省工程项目总投资,并有效协同交互各建设环节,提高设计的可施工性,避免设计返工造成资源浪费,为建设行业长期发展提供了有益指导和支持。

水电工程 BIM 应用过程需注意引入创新技术。BIM 相关新技术引入的工作步骤应遵循以下流程循环(图 4-1):①需求识别;②项目与技术选择;③深入理解产业推广价值;④引入技术伙伴;⑤主导技术的概念验证;⑥衡量技术的商业价值;⑦驱动技术应用与推广。以乌东德水电站工程项目为例,通过上述的系统化方法步骤,乌东德水电工程建设部技术团队选择上海同冉公司作为合作伙伴,采用轻量化 BIM 技术搭建工程数据平台。除此之外,技术团队还成功识别了其他 BIM 相关技术应用(移动应用、增强现实等)。

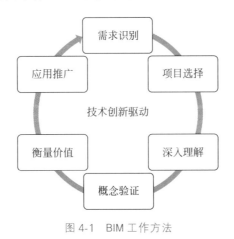

图 4-1　BIM 工作方法

4.2　基于 BIM 水电工程项目管理功能要求

应用 BIM 开展水电工程项目管理,首先要利用好 BIM 基础性研究成果,即基于 BIM 技术的建筑项目全生命周期管理工具。该工具以水电业主项目管理工作为主导,整合 2D、3D 设计资源,贯穿施工全过程,并延伸至项目运维阶段。

利用 BIM 系统实现施工、监理的全过程管理,提高工程建设效率和建设质量,实现项目的进度控制、质量控制、安全控制,降低施工风险,加强并提高建设过程中的信息化综合管理水平,实现精细化管理。利用 BIM 的优势可提升管理能力和管理效率,更好地实现项目目标。

BIM 管理系统的开发和运用主要包括安全、质量、进度、成本、资源控制的某一个或几个功能模块(图 4-2)。

| 模型管理功能 | 模型输入　模型输出　模型修改　3D/4D模型 |

| 常用功能 | 监测项目　　查看进度信息　　查看相关事件
孤立显示　　隐藏/显示构件　查看相关文档
测点统计　　视点功能　　　监控与虚拟融合
虚拟漫游　　查看构件属性　创建任务 |

| 安全管理功能 | 现场安全管控　安全监测管理　综合分析系统 |

| 质量管理功能 | 质量事件　　工序权重设置　开展质量验收
　　　　　　发起质量事件　查看/处理事件 |

| 进度管理功能 | 进度计划　　资源配置　　施工模拟
工序步骤　　关联文档　　统计分析 |

| 成本管理功能 | BIM算量　　　　　　BIM提量 |

| 资源管理功能 | 多要素动态统计分析　资源投入计量 |

| 工程字典功能 | 汇报模板　　　施工日志资源类比 |

| 施工日志功能 | 日志列表　　　资源投入报表 |

图 4-2　BIM 系统主要功能

4.2.1　模型管理

1. 功能描述

模型管理模块应实现对 3D 建模成果的全生命周期管理。3D 模型由设计阶段（或建模阶段）向施工阶段的交付，交付后的 3D 模型构件可能在施工过程中进行动态调整，实现不同阶段、不同版本 3D 模型成果管理与维护。

同时模型应同工程测量紧密结合。工程测量管理利用全站仪或测量机器人、3D 激光扫描仪等，结合 BIM 模型实现自动化的测量、放样、方量计算及体型偏差分析。开发工程测量信息智能采集系统，应用先进的测量仪器和技术，通过在测量仪器数据传输端口接入自动采集和无线传输设备，将测量数据实时输入智能建造管理平台测量信息智能采集系统中，并对数据进行智能分析，生成测量成果。与施工过程智能化系统进行协同，促进数据共享，提高多专业交叉作业效率。

（1）通过对基坑进行 3D 数字扫描和测量，可将建立好的基坑模型和形成的点云文件比对校验，以实现精准高效得到土石方开挖差值、尽快调整开挖方案、避免实施重复性作业等目标（张可嘉等，2017）。

（2）在进行基础底板和结构施工时，采用测量机器人对基坑进行高精度测量；在金属结构安装阶段,通过测量机器人的空间放样测设技术,可高效并准确地完成大型金属结构的空间放样测设工作(严巍等,2018)。

(3)利用无人机定期进行工地倾斜摄影,结合 GIS 和 3D 数字沙盘技术,建立 DEM 模型,反映不同时期的工程实际形象,为工程进度分析提供辅助手段。

2. 技术指标

(1)应支持总装模型、各子模型的导入和导出。

(2)应支持 3D 模型的 2D 图纸导出,用户通过自定义切割面,自动生成该断面的 2D 设计图。

(3)应支持对模型进行参数化编辑,用户可对 3D 模型进行修改。

(4)应支持 3D 模型成果的版本管理。实现不同版本模型的描述(如工程信息、图纸依据、建模人、创建时间、更新原因)与存储。

(5)应支持 3D 构件模板库管理。在 3D 建模中遇到大量同类构件的重复建模,可建立 3D 构件模板库,通过对同类构件的参数调整提高建模效率。

4.2.2 安全管理

1. 功能描述

安全管理模块应通过与移动端、施工管理 App、微信隐患排查系统(林鹏等,2017)对接的方式,实现现场安全管控。该功能模块在 BIM 系统中将安全信息及隐患信息与 BIM 模型构件的关联,以对工作分解结构节点或 3D 桥梁节段及构件的安全及整改情况进行实时查询,同时统计并形成工程安全分析报表(张建平等,2012)。

安全监测管理系统应包括安全监测实时采集系统及安全监测数据管理与综合分析系统。为满足施工期负责的应用场景需求,安全监测实时采集系统规划应兼顾建设期及运行期的特点来统一规划,充分利用物联网数字采集、5G 通信等传输技术,实现实时数据采集与传输。

在安全监测实时采集系统的基础上,应建立安全监测数据管理与综合分析系统,支持过程线、分布图的查询分析,实时掌握工程各部位的变形、应力、渗流等安全指标。在 BIM 模型中应力计、渗压计和位移计等仪器,并将测点与 BIM 构件挂接,实现安全监测查询与可视化分析(朱亭等,2019)。用户可以在 BIM 3D 场景中进行交互分析,实时掌握当前的监测数据,并支持物理量阀值分级预警。

2. 技术指标

(1)应支持 PC 端和移动端(如施工管理 App)实现对现场施工安全隐患的上传、整改、闭合。监理人员或施工人员还可针对现场的施工隐患问题进行拍照上传记录,在 BIM 系统中跟踪整改。

(2)应支持安全管理的应急预警。用户可根据隐患类型设定每一个隐患点(事件)的危险范围,当佩戴定位设备或工作终端的施工人员进入该区域时,BIM系统自动判定并向现场人员推送安全警示信息。

3. 场景描述

可将水电工程项目安全管理系统整体移植到BIM系统中去,较好地实现项目安全隐患排查管理。同时,施工区人员定位系统与监控视频联合可实现项目施工人员安全管理,如班前会、施工人员精神状态的跟踪管理。

4. 后续扩展

设置应急预案启动条件,一旦条件符合可直接启动现场避险信号。如极端气象情况下的预警,收到气象预警信息后,值班人员可利用现场警报装置快速通知现场施工人员紧急避让。

4.2.3 质量管理

1. 功能描述

质量管理模块应通过以后方PC端填报或与现场固定式客户端填报的方式,或以与移动端(如施工管理App系统)对接的方式,实现数字化质量签证验收功能。该功能模块在BIM系统中将质量信息或质量验收表单与BIM模型构件的关联,以对任一工作分解结构节点或3D桥梁节段构件的施工质量进行实时查询,同时统计并形成工程质量报表(张建平,2012)。

2. 技术指标

(1) 应支持PC端和移动端(如施工管理App)实现对现场施工质量的控制管理。除电子验收以外,监理人员或项目管理人员还可针对现场的施工质量问题进行拍照上传记录,在BIM系统中跟踪整改。

(2) 应支持工序流程及电子表单的自定义。用户可根据工程实际,定义和调整工序流程,并为每个工序流程配置所需的电子表单;电子表单的系统界面应符合人机交互和人性化设计,其界面并不一定与纸质表单一致。

(3) 应支持质量验收表单与3D模型构件的双向可视化查询。二者通过编码的唯一性进行双向关联:①通过BIM系统模型结构树或模型的直接关联跳转,可查找每一个工序的验收表格;②通过BIM系统的验收表格列表,进入验收表格,通过关联链接,可查看该工序的3D构件状态。

(4) 应支持电子验收表单的打印功能。用户通过PC端和移动端进行过程记录、签证后,打印表单进行手工签字和纸质归档;所打印的纸质验收表单可含有二维码标记,既可作为防伪认证,也可实现BIM信息交互查询(如通过扫描二维码在移动端查看3D构件信息)。

(5) 应支持对纸质验收表单(已完成打印、签字)的快速扫描上传及电子归档。通过连接扫描仪与相应接口,实现基于3D构件或单元工程的电子扫描、电子归档;支持报警,通过系统报警信息来提示资料（验收、归档）的完整性。

3. 场景描述

对于很多建筑工程存在验收难的现象，一个工程往往现场完工运行好几年，都无法完成合同项目的验收。其中，有相当部分原因是质检资料的缺失导致的。BIM系统引入电子化验收表格，可实现现场施工与验收资料的同步。

因为BIM模型每个构建的编码是唯一的，因此每个构建相对应的各施工工序质检表格也可做到表格编码的唯一性。通过模型结构树或模型的直接定位，可查找每一个工序的验收表格。只有该工序验收合格后，程序方可允许下个阶段的施工，并通过报警来提示资料的完整性。

4. 后续扩展

为提高质量管理中的精细化管理，通过二维码形式来解决已有工程项目管理的验收实时性、质量管理人员不到位等难题（黄志超，2017）。借鉴白沙沱大桥BIM项目经验，将二维码应用扩展至质量验收阶段，通过扫码动作与实际施工工序（作业）进行关联，实现对施工关键工序质量的精细化管控。

施工单位通过BIM系统制作并在施工现场粘贴二维码；现场施工人员在施工作业前选择对应工序进行扫码，施工作业后进行扫码，系统自动记录完成时间，并自动更新单元工程状态；系统自动通知监理人员进行现场验收，监理人员持移动终端进行现场扫码验收，系统对监理现场验收情况（位置、时间）进行实时记录；各参建单位人员现场通过扫描二维码在移动端查看3D构件信息，实现BIM信息交互查询。

二维码信息含有与BIM系统3D模型工作分解结构编码（或标识码）一致的标识码，并处在读取信息内容的第一行。BIM系统标识码可以看作每个单元工程的身份证，以使BIM系统3D模型与实际工程相对应（黄志超，2017）。

4.2.4 进度管理

1. 功能描述

进度管理模块应实现3D模型构件与施工进度计划的关联与信息集成，以进度信息驱动模型构件的3D动态显示，模拟其变化过程和状态，实现施工进度计划的动态管控，实现施工进度实时监控。以3D图形化方式，通过不同的颜色、纹理形象地描述不同的施工工序，并渲染不同施工状态（尚未开工、已开工、已完工）。

2. 技术指标

（1）应支持在BIM系统中创建和编辑工作分解结构，用户可在BIM系统中建立工作分解结构的层次结构，对工作分解结构节点进行编码和定义。

（2）应实现3D模型构件与外部进度计划信息之间的双向数据同步，即支持在BIM系统中创建进度计划,将在 BIM 系统中创建的进度计划导出为常用进度计划文件(P3/P6、Microsoft Project 文件格式)。

(3) 应支持与不同的计划管理软件相对接,用户可导入进度计划文件(P3/P6、Microsoft Project 文件格式)。

(4) 应实现对导入的不同历史版本的进度计划的管理。

(5) 应支持进度计划的甘特图显示,及动态的 3D 图形展现。

(6) 应支持 PC 端和移动端等多种方式对实际进度信息的采集与录入,用户在 BIM 系统对每天或每阶段填报的施工日志或监理日志进行采集或对反馈的计划任务项完成情况进行填报,实时反映现场施工进度。

(7) 应支持施工进度形象(照片、视频)的挂接与关联,通过 BIM 系统对工程现场拍摄的进度形象进行统一管理和查看,实现影像与 3D 构件、单元工程的自动挂接,实现拍摄时间与进度信息的自动关联。

3. 场景描述

应用 BIM 技术实现 4D 进度管理工作时,应对施工活动进行分解,并予以确立分部分项工程,与 3D 模型相对应;确定施工顺序,安排每一项计划工作开始时间、计划完成时间、实际开始时间、实际完成时间;再创建 4D 模型,并进行施工模拟(武斌,2016)。

例如,某大桥桥墩及主梁施工方案,可将桥墩按 3~6m 一个节段施工,每个节段的施工分为:承台钢筋施工、模板安装、混凝土浇筑及养护三个工序;将桥梁主梁根据预应力锚固位置分 0♯块、1-28♯块、合拢段及边跨现浇段,每个节段施工可分为 5 个工序:①模板的安装与拆除,②钢筋的制作、安装,③预应力束的加工及管道定位,④混凝土的浇筑及养护,⑤预应力束的张拉及压浆。在 BIM 模型中不能将每个工序的持续工作时间进行录入,如建模时未模拟模板安装和钢筋,但可录入一个节段或一个单元的总体工作持续时间。这就要求将之前未编号的几何模型根据我们管理的要求进行分类管理,比如上部主梁的每一个节段建模时包含了混凝土节段和预应力钢束。由于桥梁工程桥墩每个节段必为其相邻上节段的紧前工作,每个主梁节段必为其相邻大节段号的紧前工作,即每个节段的工作都处于关键线路上。因此,通过赋予每一个节段的总体工作持续时间,即可得到工程的关键工期。这样对于任意一个节段赋予工作开始时间或完成时间,即可得到所有工作的工作开始时间或完成时间。如果提前输入计划工作开始时间、计划完成时间,后录入实际开始时间、实际完成时间,通过不同颜色的反映,既可得到总工期与计划工期的对比情况,也可得到每个节段与计划工期对比情况。

4. 后续扩展

以上进度有了直观的 3D 展示,后期可在模型中加载各节段资源投入、气象情况、施工方法等模块,以达到上述因素对每个节段进度变化影响程度的定量分析。

4.2.5 成本管理

1. 功能描述

成本管理模块实现工程计量结算功能。该模块可以和质量管理模块相结合。每个节段信息录入时,录入其相应的工程量和单价,每月结算时可根据完成情况和验收情况直接导出本月的结算清单。

2. 结算条件

(1) 现场已施工完成。
(2) 已完成的施工部位通过监理验收。

4.2.6 资源管理

1. 功能描述

资源管理模块应利用定位技术和二维码扫描技术,实现对现场实际投入人力、材料、机械的动态统计分析和实时查询。通过BIM系统录入资源计划,形成人员、材料、大型机械的二维码,现场监理人员或施工管理通过扫描二维码实现现场真实资源投入的动态统计;对于人员、车辆,可通过定位系统实时统计现场资源投入情况。

2. 场景描述

在资源管理的基础上,结合建筑市场管理系统,实现建筑市场及农民工工资管理。将施工现场人员进行实名制管理,建立人员信息台账,包括其个人身份证、个人执业注册证或上岗证、个人工作业绩、个人劳动合同或聘用合同、个人工作发放记录表等信息,使得总包单位对分包单位做到人数清、情况明、人员对号、调配有序,从而促进建筑市场的合法用工,切实维护农民工权益。

4.2.7 虚拟现实

1. 功能描述

虚拟现实模块应通过集成视频监控系统、工作终端(PAD)摄像头和BIM系统,实现真实与虚拟数据的互动和融合。扩展功能需探索监控视频流与模型数据的实时叠加,从人行、飞行和车行不同视角进行模拟,进行沉浸式体验(杨京鹏等,2017)。通过虚拟现实技术方案比选,可以帮助设计人员优化方案、业主方快速决定方案。

2. 技术指标

(1) 应支持视频监控的数据接入。
(2) 应支持监控视频与BIM 3D模型的拟合与影像融合。在施工现场架设监控摄像头获取建设工地宏观监控视频,通过接口技术将监控实时视频流接入 BIM 系统,利用图像匹配将 BIM 模型和监控视频的视角调整一致,并将二者进行拼接和叠加,实现真实数据与虚拟数据的融合;

(3) 应探索基于工作终端(PAD)影像的数字测量。利用图像匹配,实现现场视频影像、3D 模型以及数字标尺的叠加与嵌套,实现数字测量。

4.3 基于 BIM 水电平台架构及组织要求

4.3.1 基于 BIM 系统的水电平台架构

基于 BIM 系统的水电平台应以 BIM 模型为纽带、以 BIM 集成应用为手段,构建工程建设期的工地管理数字化、施工过程智能化、管理程序数字化三个不同层次的应用,为水电工程建设涵盖智能大坝、智慧地厂、智慧机电等提供决策支持。

1. 基础管理平台

以 BIM 技术为基础,综合利用物联网、5G、大数据、综合定位、视频识别、电子签章等先进技术,建立水电工程设计、施工、运维的全生命期管理平台,实现设计、建设施工过程与成果的集成管理,支持数字化运维移交。

2. BIM 设计管理

建立统一结构分解与属性编码,规范设计工具与建模深度,全面开展 BIM 正向设计,实现初步设计、招标及施工图设计、单元施工深化设计三个不同层次的设计,按需开展 BIM 算量、碰撞检查、BIM 4D 模拟等设计验证与方案优化工作,保证设计成果充分可继承与可复用。

3. BIM 施工管理

1) 工地管理数字化

工地管理数字化的目的是实现"智慧工地",充分利用物联网、移动应用、综合定位等技术,从施工现场管控层面实现对作业人员、设备、材料的准入、运行、跟踪管控,实现试验、监测、测量、质量、安全、环境等多专业要素的综合数字化、流程化管控。

2) 施工过程智能化

施工过程智能化的目的是实现"数字化施工""智能化作业",是面向水电工程具体的施工专业与工艺过程,通过利用移动采集、设备数字化监控、生产智能化控制等手段,实现施工全工艺流程的精细化管理与关键作业环节的智能化控制,确保实现工程建设的质量进度绩效。

3) 管理程序数字化

管理程序数字化是从工程建设综合项目管理的层次,围绕工程项目管理的核心领域,开展合同、设计、计划进度、质量、档案等综合管理,实现工程管理信息化。

4. BIM 运维管理

结合工程建设阶段的整体信息化应用方案,实现设计/质量等竣工文件的电子化的提交与归档。实现建设阶段 IT 资产的有序移交,建立准确的 BIM 竣工模型、竣工资料与电站数字资产库。通过 BIM 技术,集成电站生产系统数据、传感器数据、设备状态数据等,形成基于 BIM 的电站运维管控。

5. 智慧工程决策支持

系统可融合上述不同层次管理形成的工程设计、施工、监测、环境等工程数据,在此基础上建立智慧工程决策支持与管控平台,实现大屏、Web、移动端、微信端、VR、AR 等应用,同时,开展工程大数据分析,实现工程进度、质量、安全、成本等多维度监控与绩效分析。

4.3.2 基于 BIM 管理的水电组织要求

水电工程具有周期长、施工环境复杂、项目众多、作业立体交叉等特点,因此对组织效率要求很高。传统水电工程管理和基于信息化技术(如 BIM 技术)的管理模式对比如图 4-3 所示。信息化可以实现水电工程管理的扁平化,避免传统组织管理流程冗长、复杂的缺点,提高项目管理效率。

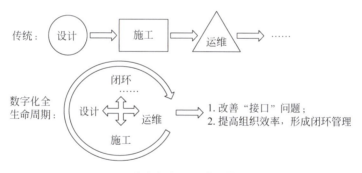

图 4-3 传统和扁平化管理模式对比

1. 应用主体方

建设单位(建设部)牵头形成 BIM 应用主体。由建设部领导总体协调各职能部门和相关参与方;由交通项目部提供项目的技术资料、业务规范、基本数据,并提出应用需求;由技术管理部负责技术方案制定,需求分析梳理,并会同信息中心搭建系统运行所需要的软硬件及网络环境,以及根据工作需求对用户权限进行设置;参建单位的相关人员在不同网络环境下使用 BIM 系统完成日常工作和管理(张建平,2012)。

2. 应用参与方

各参建单位以外网浏览器或者移动 App 的方式使用 BIM 系统,依据要求填写与施工质量、进度、安全等相关的数据;同时可以通过查询施工信息进行辅助管理(张建平,2012)。

3. BIM 系统的建设团队

形成以建设部、信息中心为联合主体的 BIM 团队,主要承担策划方案、系统建模、开发与配置、导入数据、提供技术指导和培训等工作(武亮亮,2013)。在设计阶段,BIM 建设团队根据设计院提供的设计图纸建立 BIM 3D 模型,多次修改模型后完成 3D 建模;在施工阶段,建设方与参建各方共同应用 BIM 系统进行施工过程的管理,BIM 建设团队基于施工管理需求和业务流程,确定参建各方在 BIM 系统中的权限,实现各利益相关方对建设项目的协同管理(张建平等,2015)。

4. 设计方

在 BIM 系统中提交设计图纸、设计计算书和设计所用资料。为避免重复建模,设计方应共享 BIM 模型,减少 BIM 应用各方建模费用。

4.4 基于 BIM 的水电工程项目管理组织形式

应用 BIM 技术后,原有组织环境发生改变,需要将组织的架构和人员配置进行相应的调整和更新。组织因应用 BIM 技术而进行的演变过程包括三个阶段,即引进阶段、过渡阶段和应用阶段(Kang et al.,1998),逐渐从适应 BIM 技术过渡为成熟的 BIM 应用组织(陈子豪,2019)。常见的项目组织包括职能型组织、项目型组织和矩阵型组织。

4.4.1 基于 BIM 的职能组织结构

职能型组织主要由多个具有独立功能属性的职能部门组成,每个职能部门包含相应技能的专业人员(梁晔华,2017)。图 4-4 展示了基于 BIM 的水电工程项目建设职能型组织结构。

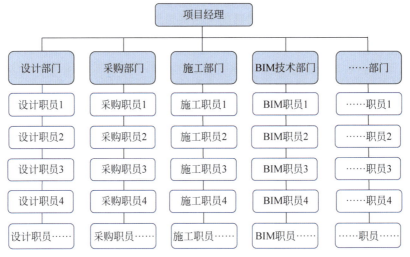

图 4-4　基于 BIM 的水电工程项目职能组织结构

水电工程项目职能组织结构主要由项目经理协调各职能部门的工作,BIM 技术管理的专业人员组成 BIM 技术部门,成为项目经理管理的职能部门之一。BIM 技术部门的小组成员均是掌握信息化技术的专业人员,他们在同一个部门工作有利于内部的沟通和交流,提高部门成员的信息化专业能力;项目建设的 BIM 相关工作交由 BIM 技术部门完成,有利于发挥专业特长,促进项目信息化水平建设和工作效率的提高。

BIM 技术在水电工程项目的设计、采购和施工各个环节都有应用,因此 BIM 技术部门的工作需要与其他部门进行配合。职能型结构的不同职能部门相互独立,BIM 部门与其他部门的协调往往需要项目经理进行沟通;同时,大型水电工程项目规模大,建设工作常交由多个分包商,项目经理的 BIM 工作需要对所有分包商进行沟通协调,任务较为繁重,难以满足基于 BIM 技术的水电工程项目管理需求。

4.4.2 基于 BIM 的线性组织结构

线性组织结构对应于项目型组织结构,主要由多个负责不同专业工程的专业部门组成。大型水电工程项目的建设分为多个专业工程,例如,大坝不同坝段、发电厂房、泄水洞、引水隧道、开关站等,可以把每个专业工程的建设看作一个"子项目"。线性组织结构的每个专业部门都有独立的设计、采购、施工等不同专业的管理与技术人员,项目经理协调不同专业部门的工作。引入 BIM 技术人员后的线性组织结构如图 4-5 所示(梁晔华,2017)。

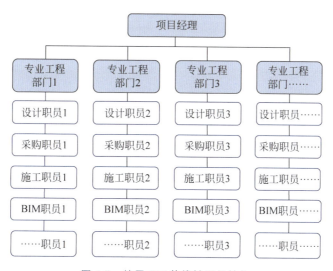

图 4-5 基于 BIM 的线性组织结构

基于 BIM 的线性组织结构的不同专业部门对应相应的分包商,项目经理的工作是对不同专业工程的工作进行协调。该模式的优点是每个专业部门下都具有成套的管理与技术人员,BIM 技术成员可以很方便地与同部门的设计、采购、施工人员进行协调。同组内的成员都负责同一个分部分项工程,熟悉工程特性,有利于工作效率的提升。缺点与项目型组织相同,BIM 技术人员分散在不同的专业部门里,互相交流减少,不利于提高 BIM 技术能力,也不利于整个大项目的 BIM 应用技术的优化和提高。此外,BIM 技术人员分散到各个专业部门中可能会导致沟通不充分,建立 BIM 模型的标准不统一,为项目经理之后的整合模型工作带来困难。因此,线性组织结构也难以满足基于 BIM 技术的水电工程项目管理需求。

4.4.3 基于 BIM 的矩阵型组织结构

基于 BIM 的矩阵组织结构综合了职能型组织结构和线性组织结构的特点,每个技术人员既隶属于本身所在的职能部门,也服从临时组建的专业分包商的管理。图 4-6 展示了基于 BIM 的水电工程项目建设矩阵型组织结构。

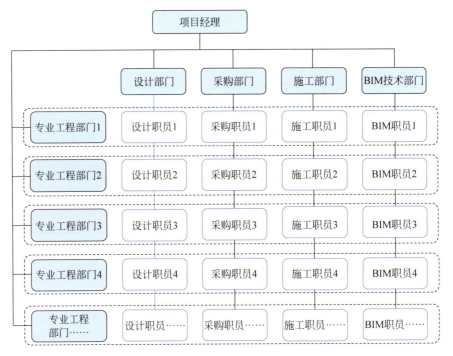

图 4-6 基于 BIM 的矩阵型组织结构

基于 BIM 的矩阵型组织结构是在职能型组织基础上建立的。设计、采购、施工和 BIM 技术等不同专业的技术人员在各自所在的职能部门工作,临时组建专业分包商时再从不同职能部门中抽调人员组成独立的管理技术团队,以专注于某一个专业工程的建设。项目经理需要同时管理职能部门和专业工程部门的部门经理。

基于 BIM 的矩阵型组织结构能够体现职能型和线性组织的优点,每个专业的人员行政上还是隶属于各自的职能部门,有利于专业能力的提升;每个项目又包括各个专业的技术人才,使得项目建设更加顺利。但这种组织的弊端在于专业人员既需要听从于职能部门的领导,以求职业长久的发展;又在项目建设周期内听从于临时组建的专业工程部门的领导,以追求现阶段工作绩效,这种双重领导关系容易使团队成员失去团队归属感,难以在两个组织形成信任,不利于信息资源的流动与共享。如果两个领导交代的工作出现矛盾,也会增加团队成员的工作压力,这就需要项目组织建立完善的管理制度,营造具有团队凝聚力的组织文化,增强团队成员的互信意识,充分发挥矩阵型组织的优势。

4.4.4 参建各方协同作业

BIM信息技术为信息交互提供技术支持。在应用BIM信息管理系统后,水电工程建设项目的业主方、设计方、施工方、采购方、监理等参建各方之间利用BIM信息平台进行协同作业,能有效提高项目建设绩效,见图4-7。BIM信息平台有助于实现参建各方的信息集成管理,为参建方之间的信息共享提供可靠渠道,提高各方之间的接口管理水平。BIM信息平台对各方工作的作用具体如下(陈子豪,2019;梁晔华,2017;任涛,2018;王婷,2018)。

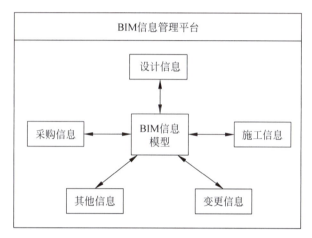

图4-7 基于BIM的水电工程利益相关方协同管理体系

1. 对业主的作用

一方面,业主可以将已获取到的项目基础资料通过BIM平台共享给参建各方,有利于设计方了解项目所在地的地质地形、河流水文等信息,提高设计方案的可行性;另一方面,业主通过BIM信息平台可以随时查阅项目安全、质量、进度、成本和环境保护管理的信息,掌握项目进程资料,促进项目知识积累,也可以通过全方位监控掌控项目现场的施工情况,为业主的监督管理工作提供便利。

2. 对设计方的作用

设计方可以在BIM信息系统中建立设计模型,并通过检测功能及时找到设计"错、漏、碰、缺"的问题,提高设计质量,避免设计返工导致工期拖延、成本增加;同时,在项目实施过程中需要进行设计变更或优化时,设计方根据BIM系统中共享的采购和施工过程文件,及时获取到采购和施工反馈的信息,后方设计人员能准确了解现场情况,有利于尽快制定设计变更或设计优化方案,提高项目绩效。

3. 对采购方的作用

BIM 系统可以动态反馈采购工作的信息，及时获取现场材料使用和库存，以及机电设备的安装和调试情况，以便及时调整采购和供货商设备制造和交付进度计划，保证施工工作的顺利进行。

4. 对施工方的作用

施工方可以在 BIM 信息系统上模拟施工过程，有利于合理配置施工设备和选择施工工艺。同时，施工方能在 BIM 系统中随时查看设计图纸，有利于施工技术人员按图施工，提高施工效率。

5. 对监理方的作用

通过 BIM 信息平台，监理方能全面监督施工过程，随时检查施工进程和质量，并通过监控功能进行施工现场的安全管理监督。在 EPC 项目中，监理常承担设计审核工作，可以利用 BIM 系统进行设计模型和设计图纸的审查，这使设计审查向无纸化方向进行，有利于监理方将审查结果及时反馈给设计方，设计方也能及时响应审批意见，缩短设计审批周期；设计模型的电子化也在一定程度解决监理与设计方掌握的信息不对称问题，提高设计审批质量。

4.4.5　基于 BIM 的项目管理模式

BIM 是建设项目的 3D 实体信息模型，基于 BIM 的项目管理需要先有 3D 实体模型，而 BIM 模型的初期交付是启动过程主要的任务，在项目章程中对项目的概念性描述应建立在 BIM 的基础上。因此，在项目管理的五大过程组中，基于 BIM 的项目管理更适合在规划、执行和监控过程组发挥优势。

水电工程项目管理一般在可行性研究中完成，项目获得政府核准通过后进入启动过程。这时建筑方案已经确定，在今后的过程中一般不会有较大的改变，所以具有建立 BIM 3D 模型的条件，后续的管理针对建造过程的活动而展开，建造完成的建筑是 BIM 模型的真实呈现。

项目管理一开始首先要做的就是制定项目章程，明确项目目标，规定项目参与方的职责、权力和利益，识别项目活动的相关方。其次是制订项目管理计划，对项目管理活动进行科学系统的安排，明确管理任务，提出管理标准，规范管理行为，指出工作方法和程序，形成规范性的项目文件。在这个阶段，最重要的工作就是建立项目管理的 BIM 信息系统，包括进行工作分解结构、配置项目资源、建立满足管理要求的 BIM 模型、建立项目统一的编码系统（财务会计科目、概算编码、工程合同管理共用的编码系统），编码系统与 BIM 模型的结构要一致。

在项目启动和项目管理规划制定完成并得到批准后，进入项目执行阶段，完成项目管理计划安排的所有工作,达成项目目标。BIM 信息系统在这个阶段将发挥重要作用,可以进行可视化仿真,用于指挥模拟、方案演练、计划的更高精度的检查、发现遗漏的事项,通过网络整合社会资源,提高管理效率。

与执行过程组同步展开的是监控过程组,根据管理计划对执行的结果进行定期绩效评估,发现偏差,提出纠正建议,重大的偏差可能会导致管理计划的修订。BIM 信息模型能最直观对比执行的偏差,是监控过程组的强有力的工具。

在项目收尾阶段,BIM 信息模型基于规划、执行、监控过程的数据积累,可以方便提供项目交付成果的竣工资料。

参考文献

DIANNE D L, SEEN G. 2007. The issues of societal needs, business drivers and converging technologies are making BIM an inevitable method of delivery and management of the built environment[J]. Journal of building information modeling.

KANG L S, PAULSON B C. 1998. Information management to integrate cost and schedule for civil engineering projects[J]. Journal of Construction Engineering and Management, 124(5): 381-389.

陈子豪. 2019. 基于 BIM 的项目管理流程再造研究[D]. 北京: 中国矿业大学.

黄志超. 2017. BIM 技术在风景园林工程项目中的应用研究[D]. 广州: 华南理工大学.

梁晔华. 2017. 基于 BIM 的大型工程项目管理流程再造与组织架构设计研究[D]. 苏州: 苏州科技大学.

林鹏, 王英龙, 汪志林, 等. 2017. 基于微信的大型水电工程安全隐患排查治理系统研发与应用[J]. 中国安全生产科学技术, 13(7): 137-143.

任涛. 2018. 基于 BIM 的 EPC 项目管理流程与组织设计研究[D]. 西安: 西安科技大学.

沈柏, 吴丽萍. 2020. 论项目管理服务在全过程咨询项目中的核心作用[J]. 中国工程咨询, (5): 59-67.

王婷. 2018. 基于 BIM 的 EPC 项目信息管理体系研究[D]. 西安: 西安科技大学.

武斌. 2016. 桥梁 BIM4D 模拟研究[J]. 智能城市, 2(9): 203.

武亮亮. 2013. BIM 的信息共享功能在施工企业的应用前景[J]. 中国工程咨询, (12): 50-51.

严巍, 张可嘉. 2018. 北京新机场航站楼(核心区)项目施工 BIM 应用[J]. 建筑技艺, 273(6): 90-96.

杨京鹏, 袁胜强, 顾民杰. 2017. 宁波梅山春晓大桥 BIM 应用[J]. 土木建筑工程信息技术, 9(1): 14-20.

张建平, 刘强, 张弥, 等. 2015. 建设方主导的上海国际金融中心项目 BIM 应用研究[J]. 施工技术, 44(6): 29-34.

张建平. 2012. BIM 在工程施工中的应用[J]. 中国建设信息化, (20): 18-21.

张可嘉, 严巍. 2017. 北京新机场超大平面航站楼结构工程 BIM 技术研究与应用[J]. 土木建筑工程信息技术, 9(4): 1-6.

朱亭, 张贵金, 刘琦, 等. 2019. 三维可视化大坝安全监控系统研发及应用[J]. 人民长江, 50(7): 217-222.

第 5 章

基于BIM的水电工程项目职能管理方法

基于 BIM 技术的水电工程项目职能管理是将传统的项目管理理论与方法、BIM 信息系统以及传统职能管理结构相结合,最本质的核心在于以 BIM 模型为载体进行管理过程的信息流通。本章依据 PMBOK 的相关内容,基于工程实践,将 BIM 技术引入水电工程项目职能管理流程,形成了基于 BIM 技术的水电工程项目的综合管理和范围管理,并介绍了 BIM 技术在沟通与信息过程、人力资源和水库移民方面的应用管理。

5.1 综合管理

水电工程项目职能管理和项目管理是相辅相成的关系。一个大型水电工程中涵盖大量大大小小的项目,每个项目的费用、人力资源等的分配和管理,都需要企业职能管理的支撑;项目管理过程中各种资源的配置在一定程度上依赖于各个职能部门或业务部门。有学者提出诸如"21 世纪项目管理将站到管理舞台的中央""项目管理将横扫职能管理""一切都将成为项目"(丁荣贵,2004)的观点;大量学者及项目实施证明了项目管理的重要性,而逐渐忽略了职能管理的支撑作用。

在进行水电工程项目管理时,不能仅仅重视项目管理而忽视职能管理的重要性,也不能将两种管理完全独立开来,而是要将两种管理模式通过 BIM 等信息化技术有机结合,使两种管理模式互相补充、互相促进。因此,BIM 模型的构建是进行水电工程职能管理和项目管理的前提,BIM 模型越早建立越有利。BIM 模型建立首要的是确定标准,必须符合管理的粒度要求,同时兼顾各相关方的需求,一旦确定就成为项目全生命周期各相关方工作的基础模型;其次,建模工具和管理信息系统的选择和配套也十分重要,需要充分论证,谨慎组织。

综合管理也叫整体管理,是在项目全生命周期内始终处于顶层的管理,其实就是项目组织的最高指挥者（项目经理）为项目整体利益所做的一切决策和协调工作，比如资源投到何处、关注的重点在哪里、如何对风险进行预测并合理规避、如何排查处理隐患等（图5-1）。

项目综合管理首先要形成三个最重要的项目文件，即项目章程、项目范围说明书和项目管理计划，这是项目启动环节和项目计划的环节，需要项目组织的各个专业团队参与。其次是对项目执行进行指导，对过程进行监控，对变更进行控制，对收尾进行安排。

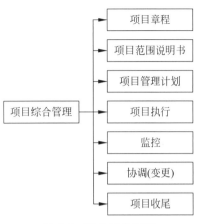

图 5-1 项目综合管理

基于 BIM 的水电工程项目综合管理流程如图 5-2 (Project Management Institute, 2017)。相比于传统的水电项目综合管理模式，基于 BIM 技术的水电工程项目综合管理将 BIM 建模技术同水电工程项目综合管理融合在一起，借助 BIM 技术的可视化、信息化的优势，对 BIM 管理计划和水电工程前期项目管理计划进行比

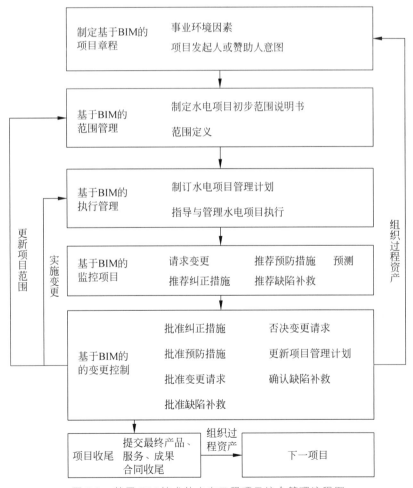

图 5-2 基于 BIM 技术的水电工程项目综合管理流程图

对分析,以更好地调整水电工程项目管理规划,包括范围管理计划、工作分解结构、进度管理计划、成本管理计划、质量管理计划、过程改进计划、人员配备管理计划、沟通管理计划、风险管理计划以及采购管理计划等。后期发生变更的内容,在 BIM 中也可以快速地进行更新与修改。

5.1.1 制定水电工程项目章程

水电工程项目章程是水电工程项目管理的重要指导性文件(王鑫,2018),在项目开始策划时就有了基本框架,并在项目启动阶段完成。制定水电工程项目章程的依据包括合同、法规性文件、项目实施的环境条件、以往工作积累的经验和教训等。水电工程项目章程的主要内容包括该水电工程项目对企业经营战略的意义,对项目功能和目标的解读,水电工程项目结束需提交的产品、服务或成果的文件性描述。

(1) 水电工程项目的战略意义、目的及建设需求,包括具备发电、防洪、航运等功能,利用可再生能源发电,减少化石燃料的使用,加快能源转型,促进地区经济社会发展。

(2) 为满足业主和其他利益相关方需求和期望而对项目提出的具体要求,比如项目的阶段性成果、形象面貌要求、里程牌计划、资金计划、设备要求、数据与信息管理要求、需要遵守的政策法规和当地习俗等。

(3) 对水电工程项目经理的素质要求和权限要求,包括具备较强的水电专业素养、丰富的项目管理知识、较强的领导能力、沟通能力和团队协作能力等,对水电工程项目的质量、进度、成本、安全和环保绩效进行控制和监督。

(4) 对外部组织和环境因素的影响,识别项目相关方,包括项目所在地省、市、县级政府及有关部门、业主总部、业主下设该项目项目组(建设管理局)、投资方、设计方、施工方、监理方、项目作业影响到的民众(移民)、电网、为项目提供服务的金融保险机构、供货商、科研单位和项目管理团队等,还有一些非政府组织(如 NGO)等(图 5-3)。由此形成项目相关方登记册,以表 5-1 为例。

表 5-1 项目相关方登记册

编号	项目相关方	项目角色	相关程度
1	某集团	投资方	A
2	某设计院	利益相关者	B
3	某县政府	关键相关方	A
4	移民代表	利益相关者	C
5	环保组织	重要相关方	B
6	当地社区	利益相关者	C
7	安全监管机构	重要参与者	C

续表

编号	项目相关方	项目角色	相关程度
8	潜在设备供应商	重要参与者	C
9	国家电网	重要顾客	A
10	……	……	

注：相关程度一栏中 A 表示非常相关，B 表示较为相关，C 表示一般相关

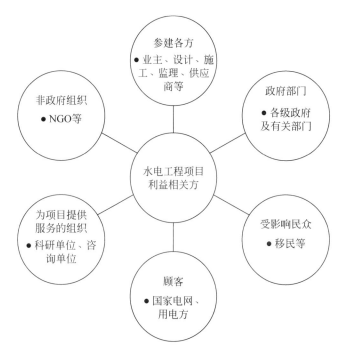

图 5-3　水电工程项目各利益相关方

（5）公司职能部门与水电工程项目组织的责权关系。

（6）水电工程项目组织机构设置，选择合适的项目组织架构，如职能型、项目型、强矩阵型、平衡矩阵型和弱矩阵型等（详见第 4 章），按需要设置综合管理部、财务资产部、项目管理部等部门。

（7）水电工程项目总投资和预期收益分析。

5.1.2　制定水电工程项目初步范围说明书

确定水电工程项目的范围是水电工程项目进行一切作业的前提，主要解释水电工程项目的特征和边界，是该水电工程项目区别于其他项目的特殊性体现。应将制定好的水电工程项目初步范围说明书同 BIM 模型相结合，方便各利益相关方随时查询。内容包括：

（1）水电工程项目目标；

（2）水电工程项目产品或服务的要求和特征；

(3) 产品验收标准;
(4) 水电工程项目边界;
(5) 水电工程项目要求和可交付成果;
(6) 水电工程项目的限制条件;
(7) 风险与对策;
(8) 里程碑计划;
(9) 初步工作分解结构;
(10) 初步的财务分析与经济评价;
(11) 水电工程项目组织机构。

制定水电工程项目初步范围说明书的依据包括项目章程、设计文件、环境条件和以往的经验教训。通过运用水电工程项目管理的理论和方法,在水电工程项目信息系统的支持下,汲取专家意见形成水电工程项目初步范围说明书文件。其中,环境条件又称为事业环境因素,指存在于项目周围并对项目成功产生影响的各因素包括组织结构和组织文化、政策法规、行业规范及标准、已有的道路交通等基础设施、现有的人力资源状况、市场供应能力与价格、利益相关方的诉求、可以利用的经验数据资料和可用于项目管理的各类信息系统工具等。

5.1.3 制定水电工程项目管理计划

水电工程项目管理计划,即水电工程项目管理工作的计划,规定水电工程项目管理作业中需要开展的工作、何时开展、选择什么方法、使用什么工具和技术。水电工程项目管理计划由各个专业计划组成,包括项目范围管理计划、进度管理计划、成本管理计划、质量管理计划、人员配备管理计划、沟通管理计划、风险管理计划、采购管理计划等,还包括里程碑清单、资源日历、进度基准、费用基准、质量基准、风险台账。水电工程项目管理计划是项目管理各专业的行为准则和行动指南。依据项目章程、项目范围说明书、项目设计文件、环境条件和以往经验教训进行制定,依托信息管理系统和专家咨询后确定。

基于BIM技术的水电工程项目管理计划,依托BIM技术的可视化优势,可以随时查看水电工程项目进度计划及施工形象,同时可以查看费用、人员配备计划等同进度计划的耦合,相比于传统的管理模式,基于BIM技术的水电工程项目管理计划更有助于明确项目计划信息。

5.1.4 指导与管理项目执行

指导与管理项目执行工作包括指挥、投入、协调、培训、验收、统计等,通过努力推进水电工程项目实施。该部分工作以项目章程、项目初步范围和管理计划,并以批准的纠正措施、预防措施、变更请求、缺陷补救措施以及验收程序要求等文件为支撑。指导和管理项目执行的成果包括可交付产品,包含按照批准的变更、纠正措施、预防措施、缺陷补救措施执行的结果以及绩效考核报告。

5.1.5 监控项目工作

监控贯穿项目作业的全过程,无论是在项目启动阶段,还是在项目的收尾阶段,监控项目工作都在开展。监控的重点应为项目执行阶段,目的是纠偏和预防,通过收集项目作业的信息,一方面对比项目管理计划,找出缺陷和不足并提出纠偏措施;另一方面,运用分析模型进行科学的预测,发现趋势,及时调整,使项目的运行回到正确的轨道上来。总之,连续的监控能够洞察项目的动态是否正常,并对趋势进行预见,及时采取行动,最终达到项目预期目标,形成可交付的产品。

基于BIM的可视化技术,各利益相关方都可以方便地随时查看项目的进度与施工面貌,同时将人员配备信息、费用信息等相耦合,大大提高了监控管理的效率。具体监控工作包括:

(1) 对照项目管理计划,找出项目运行的差距和不足;
(2) 分析项目绩效,预测趋势,评价项目状态,提出需要纠正和改进的措施;
(3) 风险管控,及时识别风险,分析风险损失,提出应对计划;
(4) 信息收集与统计报表;
(5) 监督项目的作业。

监控项目工作需要运用项目管理的理论和方法,使用适当的工具(比如项目信息系统、挣值原理的应用等),必要时启动专家系统。监控工作的成果有纠正措施建议、预防措施建议、缺陷补救建议、趋势预测报告和变更申请报告等。

5.1.6 整体变更控制

整体变更控制工作贯穿于项目的全生命周期,这是由项目的特征决定的。大多数项目都具有渐进明细的特点,项目的范围是随着项目进展变化的。在制定项目计划时,有很多条件也是随时间变化的,所以项目的变更不可避免。整体变更是指重大的变更,比如投资的大幅度增加影响到项目效益,工期延误错过产品最佳的上市时机而导致公司亏损。变更控制的目的就是将重大变更反映到项目的基准中,无论是批准还是否决变更,都会引起基准的改变,必须及时将变更纳入,形成新的基准,项目才能在继续推进中正常运转。整体变更要对任何一项变更进行价值和有效性的分析,确保技术可行、经济合理。一旦变更出现,就要对项目进行全面的评估,以确定变更的影响,对项目实施改进。

基于BIM技术在施工3D可视化模拟方面具有优势,变更原因、变更前方案、变更后方案可以进行清晰的对比,方便变更申请方和业主进行有效的沟通。同时变更信息可以完整储存在 BIM 系统中,便于信息追溯。变更以后方案可以迅速反馈到模拟步骤,进行相应的模拟,直接验证变更方案的可行性。BIM 在整体变更控制中的优势主要包括:清晰的方案优劣对比、清楚的具体变更方案数据和参数、实施变更方案进度质量控制跟踪、快捷的变更方案审批及变更流程、实时储存的变更经验知识库、提前发现设计图纸中的缺陷及不合理、减少施工过程中发生的变更数量、精准的变更测算、大量可快速追溯的变更数据等(陈子豪,2019)。

基于 BIM 技术的整体变更控制,由于信息更新的快捷性,各利益相关方可以及时收到整体变更控制信息,整体变更控制包括:

(1) 确定变更立项;
(2) 审查和批准变更报告、纠正与预防措施建议;
(3) 对变更实行过程管理;
(4) 根据批准的变更调整项目基准;
(5) 根据批准的变更,更新范围、费用、进度、质量要求;
(6) 管理好变更台账。

5.1.7 项目收尾

项目收尾就是项目的验收和移交,包括政府规定的验收程序和开车程序等,以提交最终的可交付产品和项目总结为结束标志。该部分工作依据项目管理计划、合同文件、环境条件、项目总结、绩效考核报告、项目档案、可交付成果。按照政府和行业主管部门的规定,通过一系列的检查、评价作业,完成项目的收尾。只有项目收尾后,可交付成果才变为最终可交付成果并予以交付。至此,项目终结。

5.2 范围管理

水电工程项目范围管理是项目正常运行的基础,实质是定义项目边界。项目范围管理既要对项目的工作内容进行管理,又要对工作的标准进行确定,还要管理项目的环境。项目范围包括产品范围和项目范围。产品范围即成果的特征与功能,项目范围是指为提供产品而需要完成的工作。

项目范围管理包括范围规划、范围确定、制定工作分解结构、制定项目分解结构、制定组织分解结构、项目范围控制。基于 BIM 的水电工程项目范围管理概貌见图 5-4。

5.2.1 范围规划

水电工程项目范围规划首先是制定项目范围管理计划。制定项目范围管理计划从分

5.2 范围管理

基于BIM项目范围管理

范围定义
依据组织过程资产、项目章程、项目初步范围说明、项目范围管理计划、批准的变更请求

基于BIM范围规划
依据事业环境因素、组织过程资产、项目章程、项目初步范围说明、项目管理计划

基于BIM工作分解结构
依据组织过程资产、项目初步范围说明、项目范围管理计划、批准的变更请求

基于BIM范围验收
依据项目范围说明书、工作分解结构词汇表、项目范围管理计划、可交付成果

基于BIM范围控制
依据初步范围说明、工作分解结构、工作分解结构词汇表、项目范围管理计划、绩效报告、批准的变更请求

图 5-4　基于 BIM 技术的水电工程项目范围管理概貌

析项目章程入手,主要分析项目初步范围说明书和项目管理计划。形成的水电工程项目范围管理计划文件是项目范围管理行动的指南;将项目管理计划同 BIM 信息化模型相结合,可形成水电工程项目四维项目管理计划,即在可视化的 3D 模型基础上,添加上对应的项目管理计划。

在范围规划阶段,建立统一的项目分解和编码体系是十分重要的工作,利用 BIM 模型对项目建筑物进行划分可以形象化分解结构,使时空逻辑关系更加清晰,便于纠正矛盾、缺漏和改变混乱的状态。所有项目的相关方应使用统一的项目结构分解体系及编码,尤其要统一工程管理部的结构编码、合同管理部概算编码和财务部的会计科目。在组织内统一的基础上,项目相关方的业主、设计、监理、施工、供应商均使用统一的体系和编码,各方内部可以根据工作需要再将项目划分得更细更小,但汇总到同一层次后应是一致且统一的。只有这样,才能使用同一信息管理系统对项目进行管理。这项工作是最基础的工作之一,需要项目团队进行顶层设计,并经过广泛讨论完善,可以反复迭代,直至达成科学、适用、有利于传承的项目分解系统与编码。项目划分与编码系统用正式的项目文件发布,作为规范使用。

5.2.2 范围确定

确定水电工程项目范围需要编制详细的项目范围说明书。根据成熟的经验、项目章程、项目初步范围说明书、项目范围管理计划和批准的项目变更申请进行编制。如果有批准的项目变更申请,需要对前述项目范围管理计划进行更新。项目范围说明书内容包括项目目标、可交付产品范围说明书、项目要求说明书、项目可交付成果清单、产品验收标准与方法、项目约束条件、项目影响因素分析、项目初步组织、风险清单、技术标准清单、各级政府批准文件和开发商文件。

5.2.3 制定工作分解结构

工作分解结构(work breakdown structure,WBS)是一种层次结构,以实现项目可交付成果为目的,将项目作业进行逐层分解,以便实施和管理。分解工作应按照可交付成果的内在逻辑,有先后顺序地进行,最底一层叫"工作包"(王汉龙,2014)。工作分解结构可以用模版工具,形成的成果包括项目范围说明书(更新)、工作分解结构文件、工作分解结构词汇表、范围基准、项目范围管理计划(更新)、变更申请书。工作分解结构的任何一个层次的任何一部分,都有一个项目编码、一份工作说明书、对应的责任人、里程牌计划、合同要求和质量要求。工作分解结构的每一部分对应项目资源配置,包括组织分解结构(organization breakdown structure,OBS)、材料清单(bill of materials,BOM)、风险分解结构(resource breakdown structure,RBS)、资源分解结构(risk breakdown structure,RBS)。

5.2.4 范围验收

范围验收即项目业主和其他利益相关方对已完成的项目范围以及相对应的可交付成果正式验收的工作。如果项目提前终止,范围验收应对已完成成果进行详细记录。范围验收在质量评定之后进行,也就是通常开展的安全鉴定和工程验收两个层面的工作。范围验收的依据是项目初步范围说明书、工作分解结构词汇表、项目范围管理计划、可交付成果等。范围验收工作完成后,可交付成果才可以称为交付成果。范围验收同时形成验收意见书和简易的纠正措施。

5.2.5 范围控制

项目范围控制是控制造成变更的因素和变更的后果。范围控制要确保所有的变更申请和建议措施得到确认,一般通过整体变更控制过程来实现。范围控制还要对项目作业中一些事先没有预见到的变化进行管理,将其纳入变更处理。范围控制的依据是项目初步范围说明书、工作分解结构、工作分解结构词汇表、项目范围管理计划、绩效报告、批准的变更申请。通过运行变更控制系统、进行偏差分析、补充规划等工作,形成项目范围说明书(更新)、工作分解结构(更新)、工作分解结构词汇表(更新)、范围基准(更新)、变更申请报告、项目管理计划(更新)。水电工程项目范围管理流程图见图 5-5。

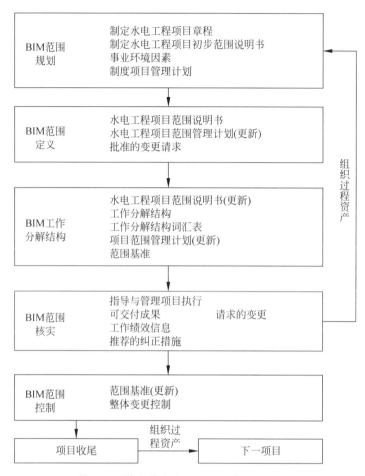

图 5-5　基于 BIM 技术的水电工程项目范围管理过程流程图

5.3　沟通管理

建立水电工程 BIM 模型可实现对项目全生命周期信息的采集、传输、储存和分析,并保证信息的及时性、一致性和准确性。传统水电工程管理各方之间信息沟通不流畅,工作效率大大受限。BIM 的出现改变了各参与方的信息管理模式,使得信息在不同参与方之间更加流通。由于 BIM 信息可追溯性强,其应用可涵盖建设项目全生命周期中的各个环节。BIM 技术实现了时间上的全生命周期管理和参与方之间的无障碍沟通。同时,BIM 技术在项目信息集成过程是将各个阶段产生的信息实时集成到信息模型中,使项目的进度信息、变更信息、风险信息等实时动态更新,大大提升了信息流通效率。结合项目实时信息进行模拟跟踪,可进一步分析处理发现问题并进行方案优化,实现 BIM 对项目信息的动态管理(王婷,2018)。

项目沟通管理就是保证项目信息流的生成、传递、储存、处理及时恰当。及时是项目绩效的基本要求。恰当是指信息的真实性和完整性,避免信息漏洞的影响。沟通管理包括沟通规划、信息生成、信息发布、信息处理等。沟通的目的是使信息接受者完整理解发布者的意图,对信息产生风格、传播渠道、传播方式都有要求,需要信息反馈,多次迭代消除漏洞影响。项目组织中的会议纪要、电子邮件、微信、信息、传阅文件、备忘录、通知、报告、图纸等,属于信息的载体,承载沟通的内容。沟通形式有书面形式和口头形式,有正式沟通和非正式沟通之分。无论沟通的形式如何,沟通的流程是一致的,由信息产生、信息传输、信息接收、信息反馈几个环节组成,也就是编码、传输、解码的流程。这其中的反馈十分重要,是有效沟通的重要一环。沟通障碍和沟通失败都会对项目产生不利影响。项目沟通管理概貌见图 5-6。

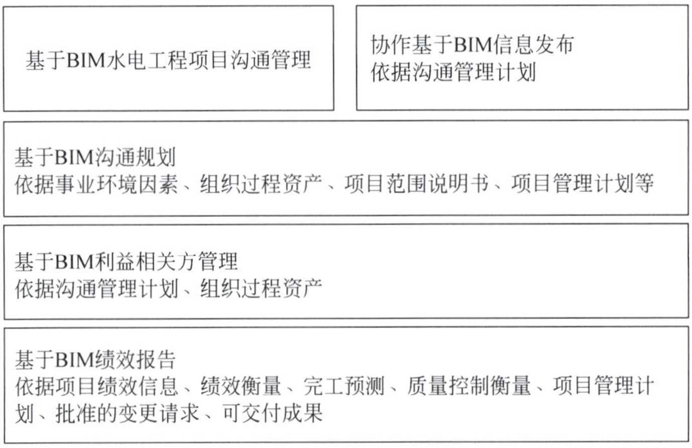

基于BIM水电工程项目沟通管理	协作基于BIM信息发布 依据沟通管理计划

基于BIM沟通规划
依据事业环境因素、组织过程资产、项目范围说明书、项目管理计划等

基于BIM利益相关方管理
依据沟通管理计划、组织过程资产

基于BIM绩效报告
依据项目绩效信息、绩效衡量、完工预测、质量控制衡量、项目管理计划、批准的变更请求、可交付成果

图 5-6 基于 BIM 技术的水电工程项目沟通管理概貌

5.3.1 沟通规划

沟通规划的任务是确定利益相关方的信息沟通需求,采取适当的沟通模式予以满足。沟通模式包括信息载体和传输渠道。沟通需求包括信息接收主体、需要何种信息、何时需要、如何传输。以恰当的手段满足利益相关方的信息需求,是项目成功的重要因素。沟通规划依据项目的环境条件、积累的经验、项目范围说明书、项目管理计划等,对信息进行分析归纳,明确沟通环节的信息内容,通过沟通需求分析,在充分适应项目特点的基础上,选择恰当的沟通手段,形成沟通管理计划,达到沟通的目的。沟通管理计划至少要包括沟通的内容、沟通的目的、沟通频率、发布信息时间安排、信息格式和传输方式、信息发布的授权人等。

沟通管理的重要方面一是报送文件的管理,报送文件指需要向上级组织、政府等报送的报表、报告、文件、材料等,包括月报、年报等方式。报送工作需要事先约定内容、格式、数据精度、时间要求等;另一方面是在项目内部的沟通管理,包括计划、调度、统计、验收等信息的传输,以保证项目可靠运行。

5.3.2 信息发布

信息发布就是沟通规划的执行,是指把所需要的信息及时向项目利益相关方提供,包括正常信息和利益相关方的额外信息需求。信息发布的依据是沟通管理计划,并依据沟通管理计划的规定选择正确的沟通方式,包括书面或口头、对内或对外、正式或非正式、一对一或一对多等。信息发布要建立信息收集、检索和发布系统,形成信息数据库进行管理。

信息发布包括信息的发送和接收。发送方要保证信息内容清晰明确、不模棱两可、完整无缺,以便接收方正确接收,并确认理解无误。接收方则要保证信息接收完整无缺、信息理解正确无误。

信息沟通的一项重要内容是绩效报告,及时向利益相关方提供绩效报告,以便他们掌握项目的状况并做出反应,与他们一起解决问题,绩效报告对项目正常运行具有重要作用。综上,项目沟通管理过程流程见图5-7,借助BIM技术将沟通技术、信息收集和检索系统、信息发布系统、经验教训总结过程等进行快速的储存,对每一次绩效报告与完成内容与模型三者之间进行匹配,更加快速地明确利害关系。

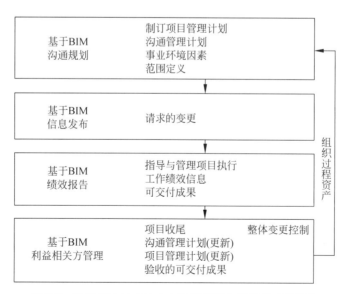

图 5-7 基于BIM技术的水电工程项目沟通管理过程流程

5.4 人力资源管理

水电工程项目人力资源管理包括项目团队组建、项目团队建设、项目团队日常组织管理三个方面。在实施人力资源管理之前,需要进行人力资源规划。项目团队由所有为完成项目而担任职务和承担任务的人员组成。项目团队包括管理层和执行层,管理层通常称为项目管理团队,负责项目管理作业,是项目团队的核心力量或领导集体。

人力资源规划是根据项目管理的专业技术要求,在组织分解结构(OBS)的基础上,对各个管理岗位的任务、权限、上下级关系进行描述,然后根据工作强度以及横向协同要求计算需要配置的专业人员数量。项目团队组建就是在人力资源规划基础上,通过招聘、调动等方式配备各个岗位的人员。项目团队建设主要是培养团队成员的专业能力,进行职业培训,让团队成员充分熟悉规则并自觉遵守。团队成员之间的磨合也是团队建设的重要内容。团队建设的成功是项目良好运行的基础,是项目初期最重要的工作之一,也是项目全过程不断深化的工作。

项目团队日常组织管理主要是跟踪团队成员的绩效并进行评估,适时进行工作调整,提高项目整体管理绩效。基于 BIM 技术的水电工程项目管理各个参与方的流程与各技术框架都围绕统一的 BIM 模型开展(师征,2012)。BIM 项目管理框架流程要求在 BIM 项目管理团队的内部确保各参与方、各部门、各分包商的信息流必须统一流向 BIM 模型,由项目的最终决策者汇总后共享给各个参与方。项目人力资源管理概貌见图 5-8,项目人力资源管理流程见图 5-9。

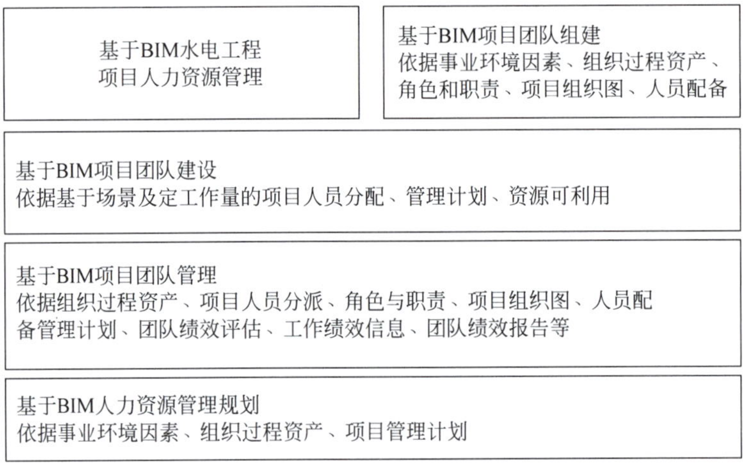

图 5-8 基于 BIM 技术的水电工程项目人力资源管理概貌

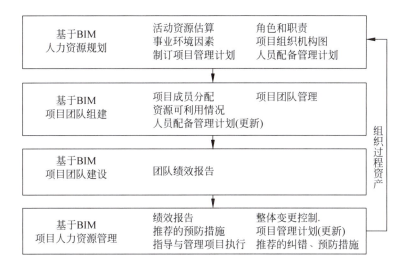

图 5-9　基于 BIM 的项目人力资源管理过程流程图

5.4.1　人力资源规划

人力资源规划工作就是确定项目管理岗位的角色定位、职责、与其他岗位的关系和授权,并制定人力资源配置管理计划。角色可以定位到小组或个人,这些小组或个人可以来自于项目组织内部,也可以来自于项目组织外部。人员配置管理计划包括人员招募计划、人力资源投入及撤离计划、培训计划、劳动关系、考核奖励办法等。所有信息均储存在 BIM 系统中,方便信息随时调用与更新。

进行人力资源规划首先要调查研究,收集基本资料,了解参与项目的部门和团队的情况,分析专业需求,调查项目团队成员候选人的人际关系,以及项目的社会环境因素等,尽可能预先知晓可能对项目产生影响的因素。其次是使用类比方法,参考成熟的经验,利用已有的模板文件和表格进行规划。项目管理计划是人力资源规划的主要依据,特别是项目作业中的资源需求是最基础的人力资源规划的依据。

人力资源规划通过绘制组织机构图、岗位描述、建立沟通网络(群)、运用组织行为学的原理等一系列工具方法来完成。

人力资源规划工作完成后,其成果包括岗位描述文件、组织机构图、人员配备管理计划(主要描述何时以何种方式满足项目人力资源需求)。岗位描述文件包括对岗位的角色定位、授权、上下级关系、职责和履职能力要求。项目组织结构图包括层级结构图、矩阵结构图等形式(师征,2012)。

5.4.2　项目团队组建、建设与管理

在人力资源规划的基础上,根据人力资源管理计划,招募项目团队成员到项目组织中

来,并按照岗位描述,将满足条件的人员安排就位,配置开展工作需要工器具,安排工作场所等,使团队具备基本的组织行为能力。以基于 BIM 的水电工程管理为例,需要建设端网云技术支撑团队、3D 精细化建模团队、GIS 定位技术支撑团队等,同时团队成员之间也要进行实时有效的沟通,实现不同技术之间的有机耦合,如 3D 精细化建模技术在智能温控和智能灌浆中的应用等。

项目团队建设从提高团队成员的个人能力和与其他成员的协作能力出发,使组织具有强大的执行力,起码具有满足项目管理要求的能力,从而提高项目绩效,具体包括技能培训,建立成员之间的信任感、凝聚力、集体荣誉感,增加协作能力,互帮互助,培养共同的价值观和项目目标定位、良好的沟通氛围等。项目团队建设是覆盖项目全过程的工作,归纳起来就是通过提升团队成员软能力和硬技能,建立团队的文化,来达到提高团队绩效的目的,保障项目目标实现。项目团队管理就是通常所说的人力资源管理,有相当成熟的理论和方法可以使用。

作为团队建设,最重要的包括三个方面:(1)要明确团队的定位,也就是树立团队的价值观,明确团队追求的目标,只有志同道合的人才能在一起共事;(2)建立良好的激励机制,激发成员的创造性和积极性,提升团队绩效,从而有条件有能力帮助成员实现个人目标,使团队及其成员达到双赢;(3)建立组织规范,也就是一系列与团队活动相关的规章制度和行为规范,为团队成员的行动提供标准依据。

5.5　水库移民管理

水库移民是一项复杂的工作,涉及政治学、环境科学、社会学、地理信息科学、经济学等多学科。20 世纪 90 年代以前,我国移民工作以人工为主,所有工作的基础数据以及信息等均人工填写,这使后续汇总以及分析工作十分困难,信息统计效率、分析效果等难以满足高效、绿色、人民满意的移民工作需要。随着我国西南地区特高拱坝的建设,水库移民工作不可避免地需要大量征地,急需进行有效的水库移民管理。

基于 BIM 的信息化、可视化等优势,可建立基于 BIM 的水库移民管理系统,包括移民基础信息统计、移民风险统计、GIS 定位三大模块(图 5-10)。该系统摒弃了传统人工抄写、统计、分析的弊端,做到数据可传、可存、可用、可溯源。移民基础信息统计包括:移民姓名、性别、婚姻情况、房屋面积、土地面积、人口、学校分布及目前授课阶段、医院及基础设施、老年人比例、交通状况等。将所有基础信息上传并保存在 BIM 水库移民管理系统中,可以随时统计分析出移民人口年龄比例、男女比例等信息,方便后续安置工作的针对性开展。

移民风险统计工作是 BIM 水库移民管理的重点。对风险的正确把控和分析是保证移民工作顺利进行的关键,是制定水库风险控制措施的主要依据。风险统计一方面基于以往水库移民面临主要风险的直接统计与判断,一方面基于移民基本信息、地理信息等自然条

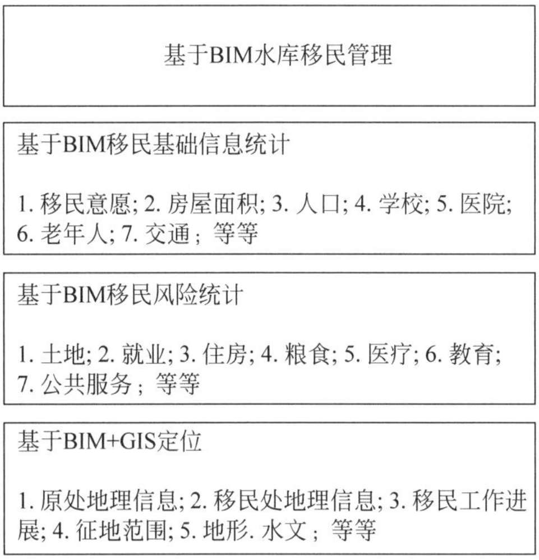

```
┌─────────────────────────────────┐
│      基于BIM水库移民管理         │
└─────────────────────────────────┘
┌─────────────────────────────────┐
│ 基于BIM移民基础信息统计          │
│ 1. 移民意愿; 2. 房屋面积; 3. 人口; 4. 学校; 5. 医院; │
│ 6. 老年人; 7. 交通；等等         │
└─────────────────────────────────┘
┌─────────────────────────────────┐
│ 基于BIM移民风险统计              │
│ 1. 土地; 2. 就业; 3. 住房; 4. 粮食; 5. 医疗; 6. 教育; │
│ 7. 公共服务；等等                │
└─────────────────────────────────┘
┌─────────────────────────────────┐
│ 基于BIM+GIS定位                  │
│ 1. 原处地理信息; 2. 移民处地理信息; 3. 移民工作进 │
│ 展; 4. 征地范围; 5. 地形. 水文；等等 │
└─────────────────────────────────┘
```

图 5-10　基于 BIM 的水库移民系统

件挖掘得出。库区移民往往存在很多隐蔽性风险，因此基于基础信息的风险挖掘识别将是 BIM 水库移民系统未来开发的重点。基于以往学者以及作者的工作经验，库区移民风险包括（陈艳，2005）土地、就业、住房、粮食、医疗、教育和公共服务等方面的风险。

参考文献

Project Management Institute. 2017. 项目管理体系指南[M]. 6 版. 北京：电子工业出版社.
陈艳. 2005. 水库移民风险评估与管理研究[D]. 常州：河海大学.
陈子豪. 2019. 基于 BIM 的项目管理流程再造研究[D]. 徐州：中国矿业大学.
丁荣贵. 2004. 集成项目管理与职能管理[J]. 项目管理技术，(10)：11.
师征. 2012. 基于 BIM 的工程项目管理流程与组织设计研究[D]. 西安：西安建筑科技大学.
王汉龙. 2014. 信息化应用项目范围管理研究[D]. 厦门：厦门大学.
王婷. 2018. 基于 BIM 的 EPC 项目信息管理体系研究[D]. 西安：西安科技大学.
王鑫. 2018. 基于 PMI 项目管理理论实践的问题探讨[J]. 中国修船，31(2)：54-56.

第 6 章

基于BIM的水电工程项目建造管理方法

设计管理、采购管理、施工管理、安全和风险管理、质量管理、进度管理、费用管理和数据管理是水电工程项目管理的重点,对水电工程项目绩效的实现意义重大。本章结合PMBOK的相关内容和工程实践,分析了水电工程项目设计、采购和建造的特点与管理要素,建立了基于BIM技术的各建造管理流程,同第5章水电工程项目职能管理内容相辅相成,为水电工程引入BIM技术的项目管理提供指导。

6.1 设计管理

项目中设计的进度和质量影响着整个项目的进度、成本和质量,通过建立设计管理系统并接入BIM系统,可以方便随时随地对设计工作进行管理,提高设计管理效率(傅瀚,2018)。

BIM技术可以在项目全生命周期的设计管理中应用。在前期概念方案设计时,设计方会对水电工程项目的地形地质情况进行勘测,采集设计所用的基础资料,并将其在BIM平台展现出来。后方的设计人员可以通过BIM平台对方案进行设计和优化,提出适应于工程地质条件的设计方案。在初步设计阶段时,设计人员依据工程建设范围、建筑物功能特性,提出满足业主要求的初步设计方案,并通过BIM技术将设计模型进行直观可视化呈现。在施工图设计阶段时,设计方通过BIM平台可以让业主、监理、施工单位和采购单位更加了解设计方案中的材料参数、设备规格和施工要求,为解决设计的信息不对称问题提供有力支持;同时,BIM技术可以反映现场情况,使设计方根据现场信息优化施工方案,有效提高设计方案的可行性,有利于项目建设进度和成本控制(胡翔天,2018)。总体而言,BIM技术在水电工程项目设计管理中应包括设计建模、设计变更、设计审核、文件管理及施工模拟等功能。

6.1.1 设计建模

在 BIM 平台中可以进行多维模型的动态设计并进行设备参数的设计,产出更为直观的设计产品,以提高设计出图效率,减轻设计人员工作强度,提高设计管理的信息化水平(崔宗举,2017)。BIM 技术通常基于多种 CAD 软件及技术来完成重复性、烦琐性、规律性的建模工作。

为满足不同模块,如地形、钢筋建模模块等的建模精度需求和特点,水利水电工程中通常采用多种建模技术同 BIM 进行对接,包括地形、地质及水工结构等建模技术(图 6-1)。基于 BIM 的地形建模技术可以对接国内外卫星遥感技术、航空遥感数据、地面测量数据和水下地形数据等;基于 BIM 的地质建模技术则依托 GOCAD 等平台,可以实现对断层、褶皱、结构面等的精细化建模,涵盖点、线、面、交线、块体、网格、属性等主要元素;基于 BIM 的水工建模技术,可以应用面向对象、基于实体建模的水工结构 3D 配筋技术,CATIA 平台则可以实现骨架关联技术应用、3D 参数化设计技术应用、模板设计技术应用、基于参数级协同管理、3D 设计 2D 出图、工程量计算机 3D 有限元结合。

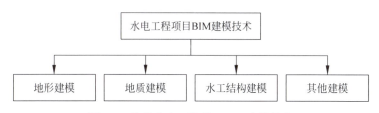

图 6-1 常见水电工程项目 BIM 建模技术

设计工作涉及众多相关方,需要专业设计人员的设计,以及设计专家、设备工程师和结构工程专家的专业建议。通过在 BIM 平台上建立设计模型,各相关方可以同时查看模型进展,并能依托已有模型同时进行相关设计,显著提高设计工作的进度绩效。同时,各相关方能够就 BIM 平台的模型进行各自专业的审查,以及时发现设计方案"错、漏、碰、缺"等问题,并将问题及时反馈给设计方。BIM 技术也能够实现机电设备和结构设计的经济指标测算,设计方能够根据计算结果对设计方案不断优化,实现设计与施工、设备采购、安装和调试等环节的协调,避免设计返工,提高设计的技术可行性(顾新勇等,2013)。

设计输出的成果往往包含多维模型、诸多参数和信息。水电工程项目 BIM 平台的设计建模功能可以让参建各方直观看到水电工程建筑物的多维立体效果,使各种设计相关的讨论不再纸上谈兵,而是可以通过真实效果的模拟完成信息交流。

6.1.2 设计变更

对于设计变更,BIM 系统方便对比变更前后的模型,提取变更内容,有利于分析变更对项目成本和进度造成的影响,也可以作为项目索赔和追责的依据。BIM 平台对设计变更的实时更新可实现设计的动态调控。设计人员将设计变更信息提交到 BIM 平台后,业主可以实时查看到设计更新的内容,缩短了设计与业主间的接口,提高工作效率。

6.1.3 设计审核

BIM 在设计管理方面的核心功能是模型审核。在模型审核方面,设计审批人员可以通过 BIM 系统直观地了解设计工作,提高读图效率和审核效率,解决设计审批周期长的问题(赵晓波,2014)。设计工作人员需要根据设计进度节点随时上传设计模型,设计审查人员通过对设计模型进行碰撞检测、能耗分析等操作可以检查设计成果的质量,提出相应的改进意见。在总承包模式建设项目中,BIM 平台可以供业主和监理方同时查看设计图纸,使设计审查不再受纸质图纸传阅限制,显著缩短设计审批周期,也有利于设计审批意见的及时反馈(Liu et al.,2017;张社荣等,2018;杜卉,2017)。

6.1.4 文件管理

BIM 的文件管理功能有利于设计图纸的规范化、信息化管理。参建各方掌握的资料不尽相同,传统的工程建设模式难以实现各方资源的有效共享。通过在 BIM 平台共享、查看并保存工程建设相关文件,有利于信息的有效传递和存档。尤其是水电工程项目的设计工作,需要大量的项目所在地河流水文、地质地形、气候条件等信息进行设计,参建各方的资料可以通过 BIM 平台进行传递,有利于设计方掌握较为完善的设计基础资料,提高设计成果的质量。同时,在进行施工详图设计时,设计工作往往需要上一阶段的设计模型和图纸作为参考依据。BIM 技术可以使设计人员随时查看之前的设计文件,便于进行信息衔接和知识管理,以实现对各个阶段设计输入的动态调整。凭借 BIM 平台建立的多维设计模型和设计图纸也能作为施工方进行施工的重要依据,也可以显著加快施工进度,提高施工质量。

6.1.5 施工模拟

BIM 技术的设计模型可视化和施工模拟功能可以有效提高设计的可施工性。施工单位在施工前可以根据 BIM 平台呈现的设计模型对施工活动进行模拟,可以及时向业主或设计院反馈设计缺漏或不利于施工的部分,有利于提高设计的可施工性,避免设计返工影响项目进度(Al et al.,2015)。

6.2 采购管理

项目采购管理是指从项目团队外部获得完成项目目标所需的产品、服务或成果的全部工作,包括制定采购计划、实施招投标工作、采购合同实施管理。采购计划确定采购的内容、采购的时间和采购的方式;招投标通过发包、询价、评标等确定卖方;合同实施指合同执行以及合同收尾。基于 BIM 的水电工程项目采购管理概貌如图 6-2 所示，基于 BIM 的水电工程项目采购管理过程流程见图 6-3。基于 BIM 的水电工程项目采购管理主要包括：基于 BIM 的采购计划、基于 BIM 的发包计划、基于 BIM 询价、卖方选择、基于 BIM 的合同管理基于 BIM 的合同收尾等模块。

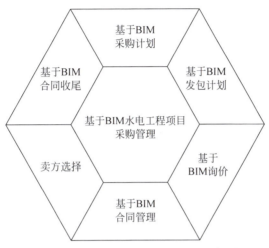

图 6-2　基于 BIM 技术的水电工程项目采购管理

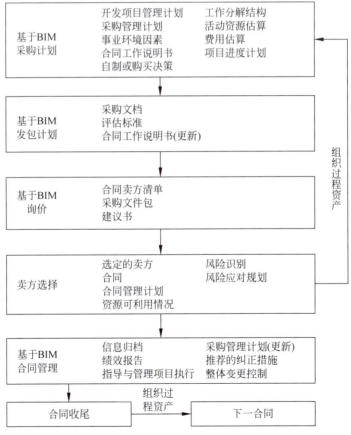

图 6-3　基于 BIM 技术的水电工程项目采购管理过程流程图

由于水电工程项目所涵盖的子工程类型众多(如金结工程、土木工程、地下工程等),采购的种类繁多并且在过程中会产生大量数据,通过 BIM 搭建水电工程项目采购管理系统,可以高效、快捷地传输、存储、分析这些数据,进而实时进行多角度预测和挖掘,为采购管理提供有利决策。基于 BIM 系统的信息化特点,可实现所有物资采购的全面、实时管理,采购数据在各方之间进行共享,采购过程透明化(Zhang et al.,2009)。业主可以对采购业务关键流程和环节进行实时、动态监控,通过 BIM 采购决策系统与业主经验进行对比分析,及时发现采购问题并做出相应的处理(Papadonikolaki et al.,2016;杜卉,2017)。

在通过 BIM 编制采购规划时,首先要对项目工作分解结构、事业环境因素、合同工作说明书等有全方位的掌握。其次可以在 BIM 系统中选取特定的施工节点,直接计算相应节点的各类构件以及不同施工部位所需的采购资源数量。然后建立采购文档和评估标准,建立基于 BIM 的发包计划,通过 BIM 系统的数据分析功能,进行询价管理,比较合同卖方清单与价格,形成采购文件包与建议书。BIM 采购管理系统可以便捷地收集并储存每一次的采购数据,整合和对比已消耗和库存物资量、采购物资数量与类型、供应商提供的物资规格和属性参数以及物资的检验结果等数据,形成不同采购类型的组织过程资产,储存在库中并指导下一次的采购工作。同时,对于库存情况、现场需求量等情况,BIM 可以自动提醒采购管理人员进行采购与补充。做到合格的产品在最需要的时间出现在该出现的地方,避免材料和设备过早或过晚地进入施工现场而导致库存管理混乱,提高效率。

项目采购管理与其他专业管理的最大区别是受到政策和法律约束,所有的活动都与法律有关,制定采购管理规划要充分依据法律。采购是从外部购买产品或服务,必须依法获得,任何一项产品或者服务的获得要事先签订协议,在法律框架内规定买卖双方的权利和义务,规定产品或服务的范围、标准、期限等,这些需要依照合同法来约束。采购实施过程要遵守法律,采购的过程要遵守招投标法等,过程合法,行为合法,提供的产品和服务均受法律保护。采购的控制就是合同管理的过程,合同双方发生纠纷也要依据法律规定来解决,必要时走仲裁等法律程序。

使用 BIM 系统进行采购管理是一种发展趋势,可以实现形象化的在线采购,买方和卖方可以在统一的信息环境下展开线上交流沟通,大幅度降低信息损失,减少环节,打破时空限制,节省大量时间和成本。在建筑业,BIM 系统可以实施先进的物流及供应链管理,比如可以对建筑安装的构件及部件进行信标管理,管理人员即使在后台也实施可视化管理,追踪物流过程,及时辨识产品的状态。

6.2.1 采购计划

采购计划主要是明确项目需求的满足方式,即分清哪些由项目团队内部完成,哪些可以通过团队组织外采购产品、服务和成果来实现。对是否需要采购进行决策,并确定采购方式、采购时间和采购清单。

采购计划要依据市场调查报告、经验数据、项目范围说明书、工作分解结构、工作分解结构词汇表、项目管理计划。通过技术经济比较、专家判断、基于采购类型的合同类型分析（固定总价、总承包、CPF、CPFF、CPIF、T&M 等）。采购计划主要成果就是采购管理计划，还包括合同工作说明书（技术要求和履约要求）、采购决策报告等。

6.2.2 采购招投标

采购招投标包括编制招标书、发包和卖方选择（评标和决标）。根据采购管理计划、合同工作说明书、采购决策报告、项目管理计划开展采购招投标工作。成果包括招标文件、评标办法、合同工作说明书、合格卖方清单、投标文件、中标通知书、合同等。招投标的过程要遵守政策法规、遵循行业标准，遵守公平、公正、公开的原则。按照事先公开的并具备法律效应的办法逐步开展工作，最终选定合格的卖方并与之签订合同。

采购的招投标，要遵循公正、公平的原则，合理利益原则，规避风险原则。公平、公正原则是为了给潜在供应商公平的机会，同时也为买方选择最合适供应商提供保障。合理利益就是要为供应商赚取合理利润提供可能，不宜把价格压得太低。通常采用的将平均价乘以一个小于1的系数作为最优报价的策略是不可取的，用博弈论推理，这种策略将导致投标商将利润空间压缩到最小，最后中标的基本是成本价甚至低于成本价，常导致合同管理阶段出现各种困难。规避风险是指通过一定手段和措施，对可能出现的采购风险进行规避和防范，但不能寄希望于把所有风险转移给供应商，买方要从主观认识上把不属于供应商能力范围的风险从招标文件中剔除。

6.2.3 采购合同管理

采购合同管理是项目管理的重要组成部分，必须纳入项目整体管理、项目范围管理、项目质量管理、项目风险管理等管理过程之中。除此之外，合同管理也是财务管理的一部分，需要监督向卖方的付款。合同管理的日常工作就是对合同履行情况进行详细记录，根据记录定期进行绩效分析，并与合同要求相比对，及时发现偏差并予以纠正，同时对卖方的胜任能力进行分析评价，这些记录是有价值的组织过程资产，可以为今后工作参考。合同管理也包括提前终止（包括有因终止、无因终止、违约终止），在合同收尾前，通过协商解决纠纷，按照变更条款修订合同。在合同管理纠纷解决遇到困难时，要善于运用仲裁等法律手段。

合同管理的依据性文件包括合同文本、合同管理计划、卖方清单、绩效报告、批复的变更申请书、合同履行记录等，通过使用合同变更控制系统、绩效审核、检验和审计、绩效评估、支付管理、索赔管理、合同档案管理系统、信息系统来工作。基于 BIM 信息技术，可以将所有采购合同与 3D 模型结合在一起，避免编号上的混淆，同时方便对模拟过程中的合同与物品进行"一对一"的调用，大大提升采购合同管理的效率与准确率。

6.2.4 采购合同收尾

合同收尾是项目收尾的一部分,需要对合同约定的采购产品、服务或成果进行质量评定和验收。合同记录需要整理后归档。合同收尾工作依据采购管理计划、合同管理计划、合同文件和合同收尾程序,主要进行采购审计和档案验收,将 BIM 模型与合同进行一一匹配。买方在向卖方发出合同已经完成的书面通知后,标志合同收尾结束,同时合同履行结束。

6.3 施工管理

基于 BIM 的水电工程施工管理是实现水电工程数字建造或智能建造的关键。在传统的建筑工程施工管理过程中,施工单位往往过分追赶施工进度,这导致施工质量得不到保证,同时可能引起多种安全隐患以及不同工种间不合理的交叉作业(房雪芳,2018)。

将 BIM 技术应用于水电工程施工阶段管理过程能有效解决以上问题。BIM 可以实现 4D、5D 的多维数据信息展示,呈现包括施工阶段的人员组成、天气情况、机械设备、材料、施工进度等各种信息;通过施工进度与施工过程的模拟,能更直观地反映出施工过程中的各种工作和数据信息,方便施工单位根据实际情况调整施工顺序。同时 BIM 技术能充分实现设计、施工、监理等参建方之间的交互协调,出现问题以后不同组织之间能够进行及时沟通,有助于提高施工建设效率(郭红领等,2017)。

BIM 工具系统在施工管理中主要用于图纸校审、优化设计、方案论证、施工模拟等。BIM 环境下的图纸校审由于其 3D 建模的可视化,可以在发现"错漏碰缺"现象中比 2D 图纸更加直观。优化设计中的空间利用、管线综合布置、设备合理布置、多专业协调工作,BIM 工具系统更是得心应手。将 BIM 与 VR 技术结合,可以进行设计方案论证和施工方案的模拟,可以进行施工技术培训、安全操作动态演示、质量标准程序发布。BIM 工具系统与项目环境数据结合,可以进行项目进度评估,预测偏差,提前采取措施。

利用 BIM 系统实施施工管理最大的优势就是可以进行虚拟现实模拟,对施工方案进行模拟分析,比选出优越的方案,并在实施过程中通过前端数据的采集,预测项目的发展趋势,从而决定是否采取措施干预项目进程。同时可以利用 BIM 技术和互联网技术的结合实施远程诊断和控制,与传统的方法相比,项目资源的获取突破了时空限制。

水电工程项目施工管理应用 BIM 工具系统,是为了提升项目质量、加快施工进度、有效控制成本、减少项目风险,使得项目的整体品质呈现更高的水平,为用户创造价值。在施工过程中应用 BIM 工具系统,需要建立 BIM 团队,在项目经理领导下,专门从事 BIM 工具系统的创建、运行和维护。在项目组织内,各部门根据自己的业务特征配置相应专业的 BIM 主管或专员。

6.4 安全和风险管理

对项目进行风险管理是因为任何事情都存在不确定性,项目活动更是如此。项目风险管理的目的是兴利除弊,即增加有利事件发生的可能性并加以利用,减少不利事件的发生概率并加以避免,具体内容包括制定项目风险管理规划、风险识别、影响评价、风险应对策略、风险监测(张丽华,2012)。管理者应该持正确地对待风险态度,即对已知风险进行主动管理,对未知风险做风险损失准备。有些项目活动可能带来损失,但也有明显收益,这就需要权衡博弈,有时不妨为之一搏。

项目风险具有不确定性,只要风险发生就会对项目绩效带来影响。可以一因多果,亦可能多因一果。水电工程项目风险管理包括基本概念、项目风险管理规划、风险识别、定性风险分析、定量风险分析、风险应对规划、风险监控等(卢亮,2013)。

6.4.1 风险管理的基本概念

根据水电工程风险管理规范的定义,一些学者(姚云晓,2012;卢亮,2013;王茹等,2016;孙永风等,2020;何山,2017;王烨晟等,2020)对风险管理形成的基本概念如下:

(1) 风险:不利事件或事故发生的概率(频率)和其损失的组合。

(2) 风险事件:活动或事件的主体未曾预料到,或者虽预料到发生但未预料到后果的偶发(不利)事件,也称风险事故。

(3) 风险损失:由于风险事件发生而导致的不利影响、破坏或损失,包括人员伤亡、工期延误、经济损失、社会影响、环境影响等。

(4) 风险因素:导致风险事件发生的各种主客观潜在原因。

(5) 风险管理:对项目建设及试运行进行风险界定,并实施相关风险识别、分析和评价,从而选择和执行最佳风险控制,包括风险排查与监控、沟通和制定应急预案等,以通过用最小成本来保障最大限度地实现项目总目标的一系列管理及协调活动。

(6) 风险界定:分析与设定项目建设及试运行的风险管理目标及对象、主要内容及计划和风险标准等,划分风险评估单元或区域。

(7) 风险识别:基于风险界定,通过某种或几种方式,系统调查发现、列举和描述项目建设及试运行中潜在风险及相关要素,包括风险类型、时空分布、主客原因、影响范围和可能带来的后果等,并进行筛选、分类。

(8) 风险分析:根据风险类型、获得的信息和风险评价结果的使用目的,对识别出的风险进行定性和定量分析,做出风险估计。

(9) 风险估计:对风险的概率或频率和损失赋值的过程。

(10) 风险评价:依据已设定的风险分级标准和接受准则,对工程风险进行等级评定和排序后,进行风险决策的过程。

(11) 风险评估:包括风险识别、风险分析(及风险估计)和风险评价等在内的全过程。

(12) 风险控制:针对风险处置措施及应急预案,实施风险监测、跟踪与记录。

(13) 风险接受准则:对风险进行分析与决策,判断风险是否可接受的等级标准。

(14) 风险监控:在决策主体的运行过程中,风险监控主体对风险的发展变化情况进行全过程动态监视和控制,准确掌握风险状态,根据需要及时启动或调整应对策略,避免或减少风险事件发生,消减风险事件产生的消极后果,实现风险管理预期目标。

(15) 风险沟通:项目业主与相关方之间交换或分享有关风险信息。

(16) 隐患排查:基于风险控制的动态管理,按照有关风险管理的制度与程序,定期或不定期地对工程及相关区域的场所环境、人员作业、设备设施和项目管理等中潜在的、可能导致风险事故发生的管理缺陷、人的不安全行为和物的不安全状态等风险因素和暴露进行系统排查和分析评估等,并做好后续的治理整改。

由上分析,可形成基于 BIM 的项目风险管理基本内容。

项目风险管理概貌见图 6-4。

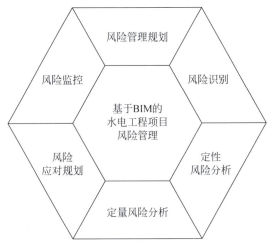

图 6-4 基于 BIM 技术的水电工程项目风险管理

6.4.2 项目风险管理规划

风险管理规划就是明确风险管理的要求及方法,重要性不言而喻,规划的深度和范围直接影响风险管理水平。规划为风险评估建立基准,为获取风险管理作业的资源提供依据性材料。风险管理规划依据项目环境条件、以往的经验、项目范围说明书、项目管理计划,通过风险分析和会议制定计划。

水电工程建设风险管理应制定总体目标及年度目标,且应进一步制定风险管理工作计划和措施保障风险管理目标的实现。水电工程项目风险管理可通过合同方式约定参加建设方及相关各方的风险管理责任与保障措施。水电工程项目风险可依据风险事故损失性质分为五类：

（1）人员伤亡风险：项目建设及试运行过程中因风险事件发生而导致的各类人员健康危害、身体伤害及死亡等。

（2）经济损失风险：项目建设及试运行过程中因风险事件产生各种直接和间接费用。

（3）工期延误风险：项目建设和试运行期间，风险事件的发生导致没有实现预期进度计划，致使建设工期延长及不合理的工期提前。

（4）环境影响风险：项目建设及试运行过程中风险事件对所在区域、周边及流域环境产生作用，导致环境质量变化，并由此引起对人类社会经济发展的反馈效应。

（5）社会影响风险：项目建设和试运行期间，风险事件导致社会负面影响或不稳定、政府公信力的丧失、和非正常移民安置等（姚云晓，2012）。

6.4.3 风险识别

风险识别是一项广泛参与的工作，所有项目组织成员和利益相关方，以及外部专家和风险管理专家都应参与到风险识别中。风险识别主要是确定那些对项目产生影响的概率事件，并建立台账。风险识别的依据包括项目环境条件、经验数据、项目范围说明书、风险管理计划、项目管理计划，通过文件审查、信息搜集技术、SWOT 分析模型、经验比对、假设分析、因果图等方式进行工作；最后形成风险台账，依据台账进行管理。台账包括风险描述、风险类别等信息。

进行水电工程项目的风险识别需搜集的资料包括以下几个方面：

（1）项目建设的工程枢纽区、周边、库区移民安置点及相关上下游的水文气象、工程地质、自然环境、珍稀水生生物、动植物、交通航运、城镇建设、文物古迹及人文、社会区域情况等资料。

（2）同类及类似水电工程建设的施工经验和风险事故或相关数据资料。

（3）与工程有关的各类规划报告和材料、各阶段设计报告和材料、各阶段专题研究报告和实验材料等。

（4）工程设计、施工组织设计、环境影响评估相关资料。

（5）工程建设征地范围内周边的建（构）筑物、道路、土地、林地、矿产、水源地等资料。

（6）有业务联系或影响的相关部门与第三方信息。

（7）本流域及区域已建水电工程的相关风险及事故资料。

（8）其他相关资料。

风险识别的方法多种多样，视情况采用。

1. 头脑风暴法（brain storming）

头脑风暴法由美国 BBDO 广告公司的奥斯本首创，是广泛征集意见的一种有效方法，作用是较少群体思维对批判精神和创造力的削弱。采用头脑风暴法进行风险识别时需要组织 10~15 个不同岗位或专业领域的专家参与专题会议，设置一名会议主持人主持会议，在会前向参会专家提前说明会议规则，明确讨论主题，使专家能提前准备；会上努力创造轻松氛围，保证讨论在融洽的气氛中进行，但主持人不参与讨论（崔巍，2011）。参会人员可以充分自由地表达自己的见解和想法，而不会受到限制，畅所欲言（陈默祈，2018）。设置 1 名或 2 名工作人员进行会议记录，将会议中的所有讨论完整记录下来，不做好坏筛选（崔巍，2011）。在选择参会专家时，应保证专家对讨论主题有深刻理解，并具有头脑风暴法的训练基础；在选择会议主持人时，应保证会议主持人掌握头脑风暴会议操作流程和要点，并熟练控制时间，对讨论话题的现状或发展方向进行充分调研和了解，使参会者在有限时间里碰撞出尽可能多的想法（崔巍，2011）。为了使头脑风暴会议得到预期目标，应遵守庭外判决原则（延迟评判原则）、自由畅想原则、以量求质原则、相互改善原则、求异创新原则和限时限人原则，具体如下：

（1）自由畅想原则，是头脑风暴法的关键。通过营造活跃的自由畅想与思考的气氛，可以让与会者身心放松、思维活跃、更容易激发出意想不到的想法。

（2）量中求质原则，是实现预期目标的前提。数量足够的情况下越有可能得到所需的有价值的想法。

（3）求异创新原则，是头脑风暴法的宗旨，在思想碰撞的过程中激发创新想法。

（4）限时限人原则，会议是限时进行的，参会人员也需要经过仔细选择适合头脑风暴主题的专家。

（5）庭外判决原则（延迟评判原则），主持人在会上不能对风暴出的想法提出评价，参会专家也必须将对别人想法的评论放到最后进行，保证会上被提出的每一个想法都能被认真讨论。

（6）相互改善原则，是头脑风暴法成功的标准。参会专家在提出自己的想法后，欢迎其他人对这个想法进行补充和启发，以取长补短，使提出的想法更完善。

在头脑风暴方法中，常将提出的设想分为实用型和幻想型。通过已有的技术方法和工艺能实现的称为实用型设想，并可以通过头脑风暴法对设想进行进一步论证和扩充。通过已有的技术方法和工艺尚且无法实现的成为幻想型设想，作为一种初步的创意萌芽，通过对其进一步开发可能转变为实用型设想。

2. 德菲尔法

德菲尔法也称为专家调查法，美国兰德公司于 1946 年创始实行。德尔菲法本质上是一种反馈匿名函询的方法。其大致流程是：首先对所要预测的问题征得专家的意见，然后进行整理、归纳、统计等工作，再匿名反馈给各专家，进而再次征求意见；再次整理意见、反馈意见，如此循环下去，直至得到专家们一致的意见。可以相信，在此过程中，答案的范围将减小，并且该小组将朝着"正确"的答案收敛（Helmer，1963；张国辉，2018）。

德菲尔法具有反馈性、匿名性、统计性三大特点。由于专家之间相互不干涉，可以消除权威的影响，能够反映专家的基本想法和对信息的认识，因此结果客观性和可信度较高。

德尔菲法的这些特点使它成为一种最为有效的判断预测法,可以避免群体决策的一些可能缺点,声音最大或地位最高的人没有机会控制群体意志,因为每个人的观点都会被收集。另外,管理者可以保证在征集意见以便做出决策时,没有忽视重要观点。德尔菲法的工作流程大致可以分为四个步骤,在每一步中,组织者与专家都有各自不同的任务,即:①开放式的首轮调研;②评价式的第二轮调研;③重审式的第三轮调研;④复核式的第四轮调研。

德菲尔法实施的原则(百度百科;Wikipedia;Helmer,1963)主要包括方法实施过程中对专家的要求、问题设计的要求、统计分析的要求、防止诱导的要求等。

(1) 对专家的要求:所挑选的专家应具有一定的代表性和权威性,且能确保他们能认真地进行每一次预测,只要求专家做出粗略的数字估计。

(2) 问题设计的要求:问题设计一定要措辞准确且避免歧义,且问题要集中,针对性较强,尽量避免组合事件。

(3) 统计分析的要求:统计分析应区别对待不同问题,对不同专家的权威性应给予不同权数。

(4) 防止诱导的要求:提供给专家的信息应该尽可能充分,以便其做出判断,调查单位或领导小组意见不应强加于调查意见之中,要防止出现诱导现象。

3. SWOT 分析法(维基百科;刘晶,2018)

SWOT 分析法从整体上可以分为两部分:S(strengths)、W(weaknesses)是内部因素;O(opportunities)、T(threats)是外部因素。SWOT 分析法也称为态势分析法,即将与要研究对象密切相关的各种内部优势、劣势和外部的威胁和机会等,通过调查列举出来,并依照矩阵形式排列,然后用系统分析的思想,把各种因素相互匹配起来加以分析,从中得出一系列相应的结论,而结论通常带有一定的决策性。运用这种方法,可以对研究对象所处的情景进行全面、系统、准确的研究,从而根据研究结果制定相应的发展战略、计划以及对策等。

SWOT 是一种战略计划技术,用于帮助个人或组织识别与业务竞争或项目计划相关的优势、劣势、机会和威胁。SWOT 分析可用于危机前计划和预防性危机管理。执行面向策略的分析所需的步骤包括识别内部和外部因素(使用流行的 2×2 矩阵)、选择和评估最重要的因素以及识别内部和外部特征之间存在的关系。

6.4.4 定性风险分析

定性风险分析是在风险识别的基础上,进一步对风险台账进行等级划分,按照风险发生的概率大小和对项目的影响程度进行优先级排序,为风险应对提供支持,主要考量对目标的影响和对项目范围、费用、进度、质量的影响。

定性风险分析使用的基本资料包括积累的经验数据、项目范围说明书、风险管理计划、风险台账。通过访谈、问卷调查、专家评估的方法,确定已识别并在台账中等级风险发生的可能性以及对项目目标影响程度;建立概率和影响矩阵,根据风险等级进行排序,以便进一步进行定量分析。可以按单一目标评估某一风险的影响,也可以考查其对整体目标的影响。进行风险分析时,先要对有关数据进行检查,确定数据的精确性、质量、可靠性和完整性,因为准确度差的数据得出的结论与实际有很多偏差,不能反映真实情况,也就不具备使用价值。定性风险分析根据需要进行风险分类,以评估不同时段和不同区域的影响,使风险应对针对性更强。风险紧迫性的确定十分重要,直接左右当前风险应对行动,比如汛前的防汛准备。风险定性分析的成果是形成更新的风险台账,其内容包括风险的优先级排序、风险分类、紧迫性排序、对风险应对行动的建议等。

风险定性分析通常采用风险分析综合评价法。通过调查专家的意见,获得风险因素的权重和发生概率,进而获得项目的整体风险程度是在风险综合评价的方法中最常用、最简单的分析方法。步骤主要如下:

(1) 建立风险调查表。在风险识别完成后,建立投资项目主要风险清单,将该投资项目可能遇到的所有重要风险全部列入表中。

(2) 判断风险权重。

(3) 确定每个风险发生概率。可以采用1~5标度,分别表示风险发生可能性很小、较小、中等、较大、很大,代表5种风险发生的概率程度。

(4) 计算每个风险因素的等级。

(5) 最后将风险调查表中全部风险因素的等级相加,得出整个项目的综合风险等级。

项目建设应从风险发生可能性与损失严重性进行风险估计。风险发生可能性与损失严重性等级标准划分,宜采用概率或频率进行表示,可主要分为风险发生可能性与损失严重性两种等级划分方法,具体等级标准应符合表 6-1、表 6-2 的规定。

表 6-1 风险发生可能性程度等级标准

等级	可能性	概率或频率值
1	不可能	<0.0001
2	可能性极少	0.0001~0.001
3	偶尔	0.001~0.01
4	有可能	0.01~0.1
5	经常	>0.1

表 6-2 风险损失严重性程度等级标准

等级		A	B	C	D	E
严重程度		轻微	较大	严重	很严重	灾难性
人员伤亡	建设人员	重伤 3 人以下	死亡(含失踪)3 人以下或重伤 3~9 人	死亡(含失踪)3~9 人或重伤 10~29 人	死亡(含失踪)10~29 人或重伤 30 人及以上	死亡(含失踪)30 人以上
	第三方	轻伤 1 人	轻伤 2~10 人	重伤 1 人及轻伤 10 人以上	重伤 2~9 人及以上	死亡(含失踪)1 人及以上

续表

等级		A	B	C	D	E
严重程度		轻微	较大	严重	很严重	灾难性
经济损失	工程本身	100万元以下	1000万元以下	1000万～5000万元	5000万～1亿元	1亿元以上
	第三方	10万元以下	10万～50万元	50万～100万元	100万～200万元	200万元以上
工期延误	长期工程	延误少于1个月	延误1～3月	延误3～6月	延误6～12月	延误大于12月（或延误一个汛期）
	短期工程	延误少于10d	延误10～30d	延误30～60d	延误60～90d	延误大于90d
环境影响		涉及范围很小的自然灾害及次生灾害	涉及范围较小的自然灾害及次生灾害	涉及范围大的自然灾害及次生灾害	涉及范围很大的自然灾害及次生灾害	涉及范围非常大的自然灾害及次生灾害
社会影响		轻微的，或需紧急转移安置50人以下	较严重的，或需紧急转移安置50～100人	严重的，或需紧急转移安置100～500人	很严重的，或需紧急转移安置500～1000人	恶劣的，或需紧急转移安置1000人以上

项目建设风险评价等级编制宜分为四级，其风险等级标准的矩阵应符合表6-3的规定。

表6-3 风险等级标准的矩阵

损失等级 可能性等级		A	B	C	D	E
		轻微	较大	严重	很严重	灾难性
1	不可能	Ⅰ级	Ⅰ级	Ⅰ级	Ⅱ级	Ⅱ级
2	可能性较少	Ⅰ级	Ⅰ级	Ⅱ级	Ⅱ级	Ⅲ级
3	偶尔	Ⅰ级	Ⅱ级	Ⅱ级	Ⅲ级	Ⅳ级
4	有可能	Ⅰ级	Ⅱ级	Ⅲ级	Ⅲ级	Ⅳ级
5	经常	Ⅱ级	Ⅲ级	Ⅲ级	Ⅳ级	Ⅳ级

6.4.5 定量风险分析

定量风险分析在定性分析的基础上进行，主要是针对排序优先并对项目有重大潜在影响的风险，作用是为风险应对提供技术支持。一般使用蒙特卡洛模拟和决策树分析技术，为科学决策提供帮助。定量风险分析依据积累的经验数据、项目范围说明书、风险管理计划、风险台账、项目管理计划进行。通过访谈、问卷调查、专家咨询、概率分析，使用定量风险分析技术和分析模型，形成更新的风险台账，并对项目的目标、进度、费用、质量、范围控制进行概率预测。

蒙特卡洛模拟技术是定量风险分析的常用方法。当随机变量个数多于三个在项目评价中被输入以后，每个变量可能出现三个以上以至无限多种状态时，就不能用理论计算法进行风险分析，此时通常采用蒙特卡洛模拟技术。蒙特卡洛方法或蒙特卡洛实验是一类广泛的计算算法，它们依赖于重复随机采样来获得数值结果（Anderson，1986）。蒙特卡洛模拟是一种统计学的方法,用于分析项目目标实现的可能性,也就是分析事件发生的概率。首先,分析事件发生的主要影响因素,并对每一种影响因素给出对事件发生的影响程度,通常用百分数来表示,所有影响因素的百分数之和等于100%。其次,假设每一个影响因素的取值服从正态分布,每一个影响因素在其阈值范围随机取值,取值个数可以是300个,也可以是500个,甚至更多个,视打算模拟的次数而定(n)。最后,将所有影响因素的随机值组成 n 个数组,每一个数组作为蒙特卡洛分析的输入,每一个因数的随机数乘以其对应的百分数,然后合计得到事件的计算值,将 n 个事件的取值进行概率分析,最终得出一个累计概率分布图,这个就是蒙特卡洛模拟。

蒙特卡洛模拟的程序大致如下(李来祥等,2008):

(1) 首先确定风险分析评价指标,通常来说包括内部收益率、净现值等。
(2) 确定对项目评价指标有重要影响的输入变量。
(3) 调查后确定概率分布(输入变量)。
(4) 确定各输入变量的独立随机数。
(5) 将(4)中的随机数转化为各输入变量的抽样值。
(6) 将抽样值组成一组项目评价的基础数据。
(7) 依据基础数据对评价指标值进行计算。
(8) 不断地重复(4)～(7)的内容,直至预定模拟次数。
(9) 整理模拟结果并绘制累计概率图,计算项目由可行转变为不可行的具体概率大小。

6.4.6 风险应对规划

风险应对就是制定风险控制行动方案,采取措施避免风险或者减少风险损失,增加实现项目目标的机会。风险应对规划工作在风险分析的基础上开展,主要是对风险应对工作制定措施,明确责任主体,配置相应资源。风险应对有多种策略可供选择,应该选择最有可能产生效果的策略或策略组合,比如消极风险的应对策略有回避、转移、减轻等,积极风险的应对策略有开拓、分享、提高等。对于风险和机会对等的情况,则可以采取接受的策略或者有限回避。对风险损失大,发生概率小的情况,一般采用应急应对策略。风险应对规划的成果包括更新风险台账、更新的项目管理计划、与风险相关的合同(表 6-4)。

表 6-4 风险接受准则

等级	接受准则	应 对 策 略	控 制 方 案
Ⅰ级	可忽略	宜进行风险状态监控	宜开展日常审核检查
Ⅱ级	可接受	宜加强风险状态监控	宜加强日常审核检查
Ⅲ级	有条件可接受	应实施风险管理降低风险,且风险降低所需成本小于风险发生后的损失	应实施风险防范与监测,制定风险处置措施
Ⅳ级	不可接受	应采取风险控制措施降低风险,应至少将其风险等级降低至可接受或有条件可接受的水平	应编制风险预警与应急处置方案,或进行有关方案修正或调整,或规避风险

风险控制应采用经济、可行、积极的处置措施规避、减少、隔离、转移风险,具体应采用风险规避、风险转移、风险缓解、风险自留、风险利用等方法。对于损失大、概率大的灾难性风险,应采取风险规避措施;损失小、概率大的风险,宜采取风险缓解措施;损失大、概率小的风险,宜采用保险或合同条款将责任进行风险转移;损失小、概率小的风险,宜采用风险自留;有利于工程项目目标的风险,宜采用风险利用。采用工程保险等方法转移剩余风险时,工程保险不应被作为唯一减轻或降低风险的应对措施。

6.4.7 风险监控

风险监控工作包括存量和增量两个方面。对于存量风险,追踪已识别风险中的观察项目,重新分析评价,监测应急响应的触发条件,监测风险发生后的残余影响,审查评估应对策略的绩效。对于增量风险,进行前述的全部识别、分析和应对规划的工作。通过风险再评估、风险审计、偏差和趋势分析、技术绩效评价、风险储备金复核等,实现风险台账更新、申请书变更、纠正措施建议、预防措施建议、经验总结和项目管理计划更新等。

6.4.8 基于 BIM 的水电工程项目风险库管理优势分析

BIM 系统作为工程的可视化数据库,集成了施工场地、永久结构与临时设施、机械等 3D 模型及相关属性信息(如材料等),可以提供全方位的现场信息支持;同时,它可以将 3D 模型与施工进度相集成,形成 4D 模型,并进行参数化更改,实现现场环境的动态管理。BIM 系统可实现现场环境的实时模拟以及危险区域的定时更新(任琦鹏等,2015;刘文平等,2014)。通过在 BIM 系统中虚拟施工环境的对应情境,在对应位置放置危险因素,应用机械碰撞打击模拟安全事故,以有效识别施工危险区域。由于进度计划不可能完全预计到真实施工过程中的现场状况,因此每天结束后需更新 BIM 模型,并加入当天安全检查信息,作为第二天危险区域识别的基础,以起到督促安全检查与事故溯源的作用(郭红领等,2014)。采用 BIM 技术进行水电工程风险管理的优势总结如下:

1. 提高了风险管理效率

为了改进传统建设项目风险管理模式中存在的诸多缺陷,最强有力的突破口就是提升传统建设项目风险管理过程的时效性建设,而借助 BIM 的技术优势可以很好地改善风险管理过程中的时效性问题。由于 BIM 建模后提供了一整套完整的数据信息仓库,它的存在具备以下优势:一是可为各种决策提供全面、准确的数据支持;二是可帮助项目管理人员方便快捷地访问到所需的风险管理相关信息,以便及时发现风险隐患,及早制定风险应对措施;三是实现风险管理活动的信息化和实时化,提高管理效率。

2. 增大专业人员之间协同合作面

由于建筑业实施过程中缺乏条理性,导致它的实施过程往往被划分为不同阶段并组织许多参与方在一起进行。但在参与方之间绝大多数不存在法律上的直接关系,所以他们的行为主要受到合同的约束;在没有合同约束的参与方之间,彼此不负有责任,实际的管理活动中缺乏必要的信息交流,导致风险管理过程脱节,影响建筑项目全生命周期的风险管理质量。BIM 的运用过程突出了团队工作的概念,使得信息交流更便捷也更及时,并且可视化模拟的功能使得各团队之间的沟通交流更加生动、直接,易于理解,避免传统模式下理解不到位引起信息流的损失,促使各专业团队之间的系统合作,提升全生命周期风险管理质量。

3. 可视化模拟和管理(魏亮华,2013)

BIM 作为集成了工程建设项目所有相关信息的工程数据模型,既提供了与建设过程相关的固定信息,也提供与建设过程相关的变化数据信息如工程质量、项目进度、建设成本、已完工程量等信息,并可实现项目建设的可视化模拟和可视化管理过程,最终帮助实现建筑项目全生命周期风险管理过程的科学化和精细化。

综上所述,基于 BIM 技术的水电工程项目风险管理流程见图 6-5。

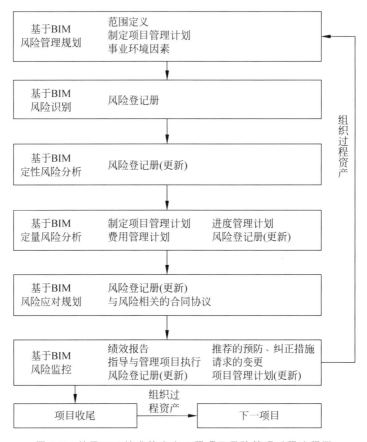

图 6-5 基于 BIM 技术的水电工程项目风险管理过程流程图

6.5 质量管理

项目质量管理包括建立质量管理体系、明确质量标准、实施质量控制、提供质量保证和进行质量评价与验收等方面的工作。项目质量管理包括项目作业和项目产品两个方面。一般说来,项目质量管理方法是通用的,但针对项目产品的质量措施和技术则与具体项目相关联,具有个性化的特质。关于质量管理有一些重要的观点,比如产品质量和产品等级不能混为一谈,质量检测的精确度和准确度不是一个概念,顾客的满意度是产品质量的重要评价指标,质量的实施过程永远比检查过程更重要,预防比纠偏的代价小,质量需要特定的资源投入,持续改进可以同时提高项目管理的质量和项目产品的质量等。质量管理应制定质量计划、实施质量保证体系和进行质量控制。

1. 制定质量计划

质量计划首先是明确项目的质量标准、适用的规范和参考的案例等,也就是建立质量基准,其次是制定满足质量标准的行为规范和措施方法等。质量计划依据项目环境条件、已有的经验或者需要传承的企业质量文化、项目范围说明书、项目管理计划。通过成本效益分析、方法优选、技术革新、质量成本预算,最终形成质量管理计划、质量控制指标体系、质量持续改进计划和更新的项目改进计划等。

2. 实施质量保证体系

实施质量保证体系是一系列的作业,目的是确保项目满足质量标准。质量保证体系由项目的专门质量部门提供,为质量持续改进提供技术支持。质量保证体系依据质量管理计划、质量指标体系、持续改进计划、项目绩效统计、批复的变更申请书、实施的纠正措施、实施的缺陷处理措施、实施的预防措施等。通过质量审计、过程分析、操作质量控制工具和技术来实施。成果包括变更申请书编制、纠正措施建议、更新的项目管理计划和积累的质量数据。

3. 进行质量控制

质量控制贯穿项目全过程,即使项目产品已经交付,还有一个质量保证期,随时准备接受质量缺陷修复。质量控制就是对项目作业和项目产品进行结果监测和检验,以确定是否符合质量计划中确定的质量标准,对不合格结果进行原因分析,提出消除不合格因素的措施方案。

质量控制需要区分预防措施和检查评价的不同作用,也要分清质量事故是系统偏差还是偶然原因,判断项目质量是否受控。质量控制的依据包括质量管理计划、质量指标体系、质量检查评定抽样与方法、参照的经验数据、项目绩效统计、批准的变更申请书、已完成的可交付成果(项目产品)。在实施质量控制时,一般使用因果图、控制图、流程图直方图、帕累托图、趋势图、散点图等统计分析工具,对项目可交付产品进行抽样、检查、消缺和评定验收工作。质量控制成果包括质量总结、消缺验收报告、更新的质量基准、纠正措施建议、预防措施建议、变更申请书、缺陷补救措施建议、经验数据累积、质量验收报告、更新的项目管理计划。

在施工管理系统中预置质量检查清单,并与 BIM 模型进行关联,施工管理人员在进行质量监督工作时,可以随时随地下载任意构件或施工部位的质量要求文件,并将检查的结果上传到对应的模型构件中,为后期质量问题追责提供依据。质量检查清单包括各类工程构件和特殊部位的质量标准和检查结果以及检验人员信息,可以长期保存工程质检信息。BIM 系统的应用有效提升设计产品质量和工程建设质量,使承包商更好地实现项目交付(邱明明,2019)。

6.6 进度管理

6.6.1 主要内容与管理核心

项目进度管理是项目管理团队的核心任务,在项目管理过程中非常重要。项目管理的目的是使项目目标按计划的时间节点达成,核心是对时间的管理,主要包括制定进度计划、监测计划运行、进度调整等方面的工作。项目进度管理需要依次进行作业定义、作业排序、作业资源配置、作业工时计算、制定进度表和进行进度控制六个方面。项目型企业开展进度管理时,应首先建立企业级项目结构、组织分解结构、资源分解结构、项目费用科目结构和项目时间管理的模板。

6.6.2 水电工程项目的进度管理

水电工程项目一般具有规模巨大、工期较长、项目组成复杂的特点。水电工程项目的土建建筑物通常包括挡水大坝、引水发电建筑物、泄洪消能建筑物、导截流建筑物、交通工程和大型临时建筑物等,每一部分本身就可视为一个大型项目。此外,水电工程项目建设还包括金属结构制作与安装、机电设备制造与安装工程、移民专项工程、科研试验、安全监测、控制测量与试验检测、水保环保措施项目等规模较大、较为复杂的工作。这些特点决定了对水电工程项目进行进度管理具有很大难度。

水电工程项目的利益相关方对进度管理非常重视,这是因为水电工程利用自然水流发电,投入运营的时间不同将会为业主盈利带来很大影响。项目建设过程中受自然环境影响较大,地质条件的复杂性可能导致项目范围发生剧烈变化,水文气象条件也在很大程度上制约进度。例如,降雨条件下有些工作不能施工,气温骤降可能引起混凝土开裂,截流等时期水流控制严重依赖河流的来水情况,哪怕只延误几天,就必须等到第二年才能继续进行,整个项目就延误一年,对项目进度绩效产生巨大影响。因此,水电工程项目作为一个项目组合,其庞大复杂且周期长的特点要求进行科学的进度管理,以提高经济效益。

  项目进度管理分为三个层次。第一层为里程碑计划,分析项目全生命周期的重要节点,根据管理需求将其设为里程碑,对设定的里程碑明确到达的日期,按照日期先后列表,形成里程碑计划,这是项目进度的框架。第二层为范围计划,主要是进行工作结构分解,即确定工作分解结构,最底层为工作包,把每一个工作包设定预期日期,形成范围管理计划。进行工作分解结构分解时,要与项目结构分解相结合,根据管理需求确定工作包的大小。第三层是进度管理计划,在工作分解结构之下,对工作包进行作业分解,即明确具体的项目活动,包括定义作业,确定作业之间的逻辑关系,计算作业的持续时间,配置作业资源并进行成本测算。

  水电工程按照其布置方案、功能特性、专业特点、资源状况、时间要求,在以往经验的基础上,对其进行划分,逐层分为单位工程、分部工程、分项工程、单元工程。一般将四大建筑物分为单位工程,然后按照空间位置和专业特点分成几个分部工程,分部工程之下的分项工程更具施工的专业性,比如开挖、混凝土、金属结构可以是分项工程,单元工程是对分项工程的物理分割,只是为了方便计划和管理,不改变分项工程的特性。

  作业是项目管理的对象,管理者要对其进行时间安排、资源配置、绩效监控等,并建立作业之间的逻辑关系。作业(或活动)是项目实施过程中具有操作特征的具体工作,是人、机、料、法、环的相互作用,是一个有机整体,作业是项目角色按照一定的行为规范进行项目活动,并通过消耗资源和时间形成项目可交付成果。可交付成果就是工作分解结构的工作包,作业位于工作分解结构的底层。工作包及其以上的工作分解结构节点所表现的是项目的物理特征,而作业是人的行为作用于物理对象的活动。描述一项作业时一般含有一个动词,比如制定计划、编制预算、土方开挖、混凝土浇筑中都有动词,而工作包以上的工作分解结构节点大多用名词描述。如果没有定义项目的作业,项目就是纸上谈兵,是虚无的,有了作业项目才具有生命气息,所谓项目生命周期必须是与作业紧密相连的。可以说,一切项目管理都是建立在对作业管理上。作业之下还可以划分步骤,步骤可以理解为作业指导书,是操作层面的工作,任何一项作业的完成都是按步骤一步一步操作实现的。

  为了便于识别,要对作业进行编码。作业必须进行定义,明确作业的背景和内容以及应该完成的其他事项,还包括行为准则、验收标准、执行的规范、质量指标、技术要求等。

  在进度计划管理时,要确定作业的顺序,即优先级关系、逻辑、操作顺序。作业顺序的形象描述工具是网络图,网络图中的作业按照逻辑依次进行,所有作业完成,就形成可交付成果。绘制网络图,重要的是描述顺序和时间,不考虑资源约束。

  作业所需资源要进行预估,即识别作业所需的资源类型和数量,比如各类人工及数量、设备型号及台时、材料种类及用量等。作业资源预估需要事先确定资源的单位生产率,这是关键数据,一般从组织过程资产和通过专家咨询获得。

在可用资源和劳动生产率已知、施工方法明确的前提下,根据作业内容要求的工作量,参照以往经验对作业持续时间进行预估,估算成本,制定计划进度。在项目开始后,则根据实际进展和资源情况进行调整和管理。

项目进度计划就是在时间轴上固定项目的每一项作业,按照先后顺序确定作业的开始时间、结束时间,工作完成后,形成项目的整体进度计划。制定进度计划的工作包括明确项目范围、制定工作分解结构、制定作业列表、收集和整理所有作业的数据、制作网络图、梳理项目的限制条件和要求,制定里程碑计划。

总结水电工程项目进度管理概貌如图 6-6 所示。

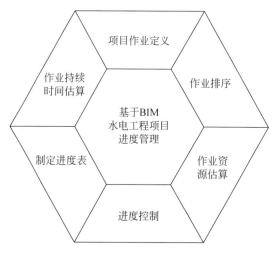

图 6-6　基于 BIM 技术的水电工程项目进度管理

明确以上工作以后,通过 3D 模型可以动态展示基于 BIM 的水电工程项目进度计划和实际进度。根据实际需要,施工管理人员可以按照日、周或者月为时间单位对项目进度进行 4D 模拟,可以定性和定量的分析,有效提高自身的施工管理效率(荀杨,2019)。

BIM 在进度控制流程中的应用方向包含 BIM 施工进度模拟、偏差分析、精细化材料采购、进度调整和组织过程资产搜集等。进度计划模拟是将施工单位提交的进度计划与实际制定的进度进行对比,通过提取的 BIM 模型开展 BIM 进度模拟工作。进度控制经验知识总结是指在每一轮进度控制流程结束后对本轮进度控制中存在的问题及解决的方案通过 BIM 载体进行经验知识存储,逐步形成 BIM 进度控制经验数据库。将实际进度信息与 BIM 模型关联可实现实际进度与计划进度的对比,明确发生进度偏差的具体部位,再结合现场情况开展偏差原因分析(陈子豪,2019)。

以一块仓面大体积混凝土的浇筑为例,传统水电工程项目管理中,难以实时掌握混凝土块浇筑的进度,通常在混凝土完全浇筑完成并验收合格以后,才给参建方付款。应用 BIM 技术以后,业主可以实时掌握混凝土施工的进度,当混凝土浇筑完成并检查合格后可以及时给参建方付款,而仓面保湿和混凝土温控则可以依据后续混凝土防裂情况和工作量再付款。基于 BIM 技术的水电工程项目进度管理流程见图 6-7。

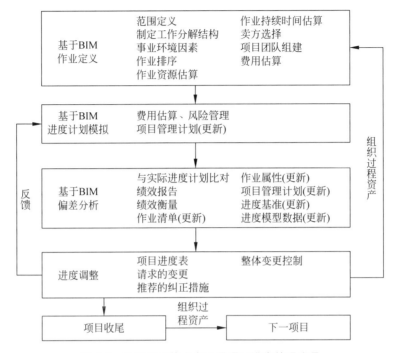

图 6-7 基于 BIM 的水电工程项目进度管理流程

6.7 费用管理

水电工程项目费用管理就是对完成项目工作所需费用进行测算和控制的过程,这个过程随着项目进展不断循环重复。费用管理也称为成本管理,一般包括规划、估算、预算、控制。费用管理规划主要制定费用使用规定、监控方法,以及涉及项目融资等。成本估算按照正常定额和经验进行项目所需费用的大致计算,是一个平均值,与项目实施的具体条件联系不紧密,是在项目启动阶段为了把握项目的概况所做的工作。成本预算按照项目作业或者工作包进行费用测算,是费用控制的基准。成本控制就是对成本的使用情况进行统计,并与基准进行比对,找出偏差,分析原因,提出纠偏建议供项目管理决策。

基础的成本管理仅关心预算是否为满足项目作业所需;标准成本管理还要对项目过程的成本使用绩效进行测算,提出成本控制措施建议;高级的成本管理应该在前述工作基础之上,对项目成本使用与项目目标或者产品功能的关系进行分析,为项目特定关系的经营决策提供技术支持。前两者关注效率,后者还要关注项目完成后的效益,项目费用管理见图 6-8,项目成本管理过程流程见图 6-9。

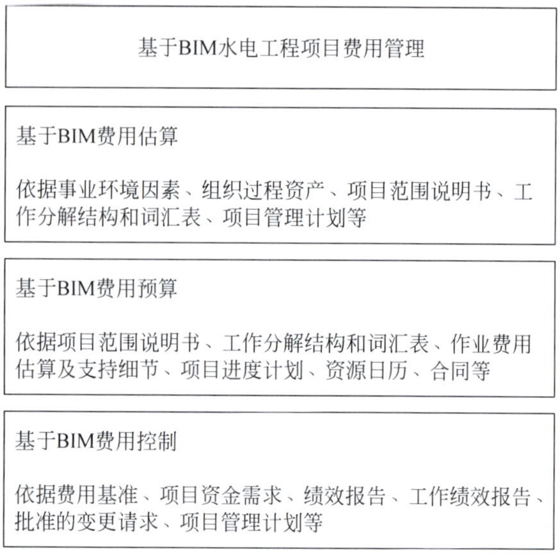

基于BIM水电工程项目费用管理
基于BIM费用估算
依据事业环境因素、组织过程资产、项目范围说明书、工作分解结构和词汇表、项目管理计划等
基于BIM费用预算
依据项目范围说明书、工作分解结构和词汇表、作业费用估算及支持细节、项目进度计划、资源日历、合同等
基于BIM费用控制
依据费用基准、项目资金需求、绩效报告、工作绩效报告、批准的变更请求、项目管理计划等

图 6-8 基于 BIM 的水电工程项目成本管理

基于BIM
全过程费用估算
范围定义
制定工作分解结构
事业环境因素
制定项目管理计划
基于BIM
费用预算
卖方选择
活动资源估算
制定进度表
基于BIM
实时进度与费用控制
整体变更控制
绩效报告
指导与管理项目执行
监控项目工作
组织过程资产

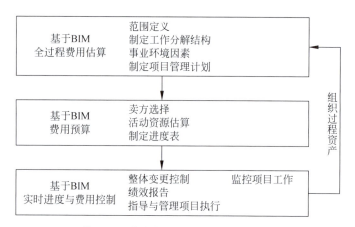

图 6-9 基于 BIM 的水电工程项目成本管理过程流程图

6.7.1 项目成本管理规划

水电工程项目成本管理规划依据已有的经验、政府监管要求、金融市场情况、项目范围说明书和项目管理计划，通过比较分析，提出项目成本管理融资计划和一系列成本管理的规章制度，包括财务管理制度和合同结算管理规定。融入 BIM 技术以后，通过精细化的全周期建设过程模拟，可以更好地辅助水电工程项目的成本规划，并且信息的储存与修改也更加方便。

6.7.2 项目成本估算

项目成本估算是对达成项目目标全过程所需成本的一个大致估计，是基于一些假设进

行的测算,比如劳动生产率取社会平均值或者国家颁布的现有定额。项目成本估算一般在项目策划阶段或者启动阶段的初期进行,主要目的在于评估项目的可行性,也可以作为项目实施的成本预估,与特定项目的环境条件不一定相符合。成本估算是粗略的,根据经验列出一定比例的价差预备费和应急准备金。

项目成本估算依据预计的和已掌握的项目环境因素、已有的经验数据和传统做法、项目范围说明书、工作分解结构、工作分解结构词汇表、项目管理计划进行编制。通过工程类比、参数估算等方法,分析确定费率标准,参考市场物价水平,使用合适的项目管理类软件,自下而上测算项目资源的成本。成本估算编制成果包括成本估算的支持数据(取费标准、物价指数、单价分析等)和成本估算表,同时带来更新的项目管理计划和已经发现的变更。

融入 BIM 技术后,工作分解、项目管理计划等环节变得更加便捷、形象与精确,支持管理者更精准地进行项目成本估算,同时根据后期的变更控制等可以进行动态调整。

6.7.3 项目成本预算

项目成本预算与估算原理和方法基本相同,主要作用是为项目绩效评估提供总体成本基准。项目成本预算从项目作业层开始成本测算并逐层汇总,编制依据包括项目成本说明书、工作分解结构、工作分解结构词汇表、作业成本估算参数及成果、项目进度计划、资源日历、合同和项目成本管理计划。预算编制时需要进行准备金分析、流动资金分析、单价分析、风险预测、资金使用平衡检查等。成本预算的成果包括总成本基准、项目资金需求计划、更新的项目管理计划和视情况提出的变更申请书。

6.7.4 成本控制

水电工程项目成本控制的主要工作就是监测、预测和纠偏。项目成本控制工作包括:
(1)分析项目成本超出预算的原因并采取措施加以避免;
(2)跟踪变更申请书流程直至获得批复,根据批复的变更调整成本预算;
(3)经常进行实际发生成本与预算成本的比对分析,评估成本偏差;
(4)按照项目成本管理计划控制成本的使用,保证所发生的成本都是用于配置项目的资源;
(5)预测项目成本的偏差,提出建议措施,将纠偏工作做在前面。

成本控制的依据就是项目预算的成果、项目成本绩效报告、项目作业绩效记录、批复的变更申请书、项目管理计划。使用的工具和方法包括变更控制系统、基于挣值原理的绩效评估分析方法、预测方法、偏差管理方法、项目管理软件。成本控制的成果包括更新的成本估算、成本预算、经验数据积累、项目管理计划,以及绩效评估和项目完工预测,重要的是变更申请书和简易的纠偏措施计划。

融入 BIM 技术以后，可以方便地进行实时进度与成本控制，根据动态的项目管理计划的更新以及推荐的纠正措施等，指导项目的变更工作，进而更新项目的进度计划以及项目的管理计划等，然后通过 BIM 重新进行全过程的成本估算，最终达到成本控制的目的。

下面介绍基于 BIM 技术的水电工程项目成本控制的两种基本原理，即挣值原理和预测原理，结合 BIM 动态的全过程进度计划调整，可以更加准确地对比不同方案之间成本控制的标准。

6.7.5 挣值原理

挣值原理(Reichel,2006)是项目投资控制的一种基本方法，其基本思想是根据当前的绩效指标，预测未来可能出现的变差，以便管理者提前预警，调整下一阶段的工作目标。挣值分析的成果就是管理决策的依据。

1. 挣值方法的基本参数(Reichel,2006；赵帅,2010；燕永贞等,2004)

1) 计划值

计划值(plan value,PV)指应完工作量的预算成本(budgeted cost for work scheduled,BCWS)。BCWS 是指项目实施过程中某阶段计划要求完成的工作量所需的预算费用。计算公式为

$$PV = BCWS = 计划工作量 \times 计划单价$$

BCWS 主要是反映进度计划应当完成的工作量(用费用表示)。BCWS 是与时间相联系的，当考虑资金累计曲线时，是在项目预算 S 曲线上的某一点的值。当考虑某一项作业或某一时间段时，例如某一月份，BCWS 是该作业或该月份包含作业的预算费用。

2) 实际成本

实际成本(actual cost,AC)指已完成工作量的实际费用(actual cost for work performed,ACWP)。ACWP 是指项目实施过程中某阶段实际完成的工作量所消耗的费用。ACWP 主要是反映项目执行的实际消耗指标。计算公式为

$$AC = ACWP = 已完成工作量 \times 实际单价$$

3) 挣值

挣值(earned value,EV)，又称已完成工作量的预算成本(budgeted cost for work performed,BCWP)，指项目实施过程中某阶段实际完成工作量及按计划单价计算出来的费用。计算公式为

$$EV = BCWP = 已完成工作量 \times 计划单价$$

2. 挣值方法的四个评价指标

1) 费用偏差

费用偏差(cost variance,CV)是指检查期间 BCWP 与 ACWP 之间的差异，计算公式为

$$CV = BCWP - ACWP$$

(1) 当 CV 为正值时,表示实际消耗的费用低于预算值,即有结余或效率高;
(2) 当 CV 等于零时,表示项目按计划执行,实际消耗的费用等于预算值;
(3) 当 CV 为负值时,表示执行效果不佳,即实际消耗的费用超过预算值,即超支。

2) 进度偏差

进度偏差(schedule variance,SV)是指检查日期 BCWP 与 BCWS 之间的差异。其计算公式为

$$SV = BCWP - BCWS$$

(1) 当 SV 为正值时,表示进度提前;
(2) 当 SV 等于零时,表示实际与计划相符,进度按计划执行;
(3) 当 SV 为负值时,进度延误。

CV 与 SV 的组合呈现九种情况(表 6-5),分别表示项目的不同状态,对于不同的利益相关方,会有不同的偏好,比如投资业主偏好 SV 和 CV 均大于零的状态,代表了进度提前而费用还节约。但承包商正好相反,他们希望费用超支,而进度延误,因为代表少干活而多拿钱。当然,这是从经济学概念的组织或个体定义来评判的,不包括愿意主动做出贡献的承包商。

表 6-5 项目执行状态与评价

序号	CV、SV 值	项目状态	评价与态度
Ⅰ	SV 负,CV 正	进度延误,费用节余	次差状态;较不主张,或者有条件接受
Ⅱ	SV 负,CV 零	进度延误,费用相符	较差状态;不主张,实施改进
Ⅲ	SV 负,CV 负	进度延误,费用超支	最差状态;极不主张,实施强烈改进
Ⅳ	SV 零,CV 正	进度符合,费用节余	较好状态;主张,连续保持
Ⅴ	SV 零,CV 零	进度符合,费用相符	一般状态;理想,尽力保持
Ⅵ	SV 零,CV 负	进度符合,费用超支	较差状态;不主张,实施改进
Ⅶ	SV 正,CV 正	进度提前,费用节余	最佳状态;极力主张,极力维护
Ⅷ	SV 正,CV 零	进度提前,费用相符	次佳状态;较强主张,尽力维护
Ⅸ	SV 正,CV 负	进度提前,费用超支	一般状态;较不主张,有条件接受

3) 费用执行指标

费用执行指标(cost performed index,CPI)是指挣值与实际费用值之比,也称为费用绩效,其本质是收入与成本支出的比例。计算公式为

$$CPI = BCWP / ACWP$$

(1) 当 CPI>1 时,表示低于预算,即实际费用低于预算费用;
(2) 当 CPI=1 时,表示实际费用与预算费用吻合;
(3) 当 CPI<1 时,表示超出预算,即实际费用高于预算费用。

4) 进度执行指标

进度执行指标(schedule performed index,SPI)是指项目挣值与计划值之比,又称为进度绩效,其本质是生产效率的衡量,计算公式为

$$SPI = BCWP/BCWS$$

(1) 当 SPI>1 时,表示进度超前;
(2) 当 SPI=1 时,表示实际进度与计划进度相同;
(3) 当 SPI<1 时,表示进度延误。

3. 挣值法评价曲线

挣值法评价曲线如图 6-10 所示,横坐标表示时间,纵坐标则表示费用。BCWS 曲线为计划工作量的预算费用曲线,表示项目投入的费用随时间的推移在不断积累,直至项目结束达到它的最大值,所以曲线呈 S 形状,也称为 S 曲线。ACWP 已完成工作量的实际费用,同样是进度的时间参数,随项目推进而不断增加的,也是呈 S 形的曲线。利用挣值法评价曲线可进行费用进度评价,CV<0,SV<0,这表示项目执行效果不佳,即费用超支,进度延误,应采取相应的补救措施(Reichel,2006;赵帅,2010;燕永贞等,2004)。

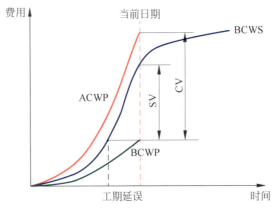

图 6-10　挣值法评价曲线图

4. 挣值度量方法(Reichel,2006;赵帅,2010;燕永贞等,2004)

虽然挣值法的计算关系比较简单,但是准确度量作业的挣值却是不容易的。这主要是因为项目往往涵盖了多种多样的作业内容,挣值的度量往往应该根据作业的内容精心设计。同时与项目相关的人员已习惯于通常的费用和日程度量概念和方法。下面是几种度量挣值的方法:

(1) 线性增长计量,费用按比例平均分配给整个工期,完成量百分比记入挣值。
(2) 50-50 规则,作业开始计入 50% 费用,作业结束计入剩余的 50%。当作业具有多个子作业时采用。
(3) 工程量计量,例如全部桩基 1000 根,200 万元。每完成一根,挣值 0.2 万元。
(4) 节点计量,将工程分为多个进度节点并赋以挣值,每完成一个节点计入该节点挣值,设备定制可用此方法。

对工程进行挣值分析,主要是为了实施项目过程的控制。控制是否有效取决于对项目状态的掌控,挣值分析提供了评价项目状态的方法。

6.7.6 挣值法预测原理

用挣值法分析项目数据,实时评价项目状态,然后管理者根据状态好坏采取行动,对状态进行干预,从而使项目按照计划的轨道前进,最终实现项目目标,这只是挣值法应用价值。现在的问题是采取什么样的行动,行动的代价如何?挣值法提供了一套预测方法。

1. 完工尚需成本估算(estimate to completion,ETC)

在当前情况下,剩余工作量所需成本的估算,即预测完成剩余的工作还需要多少成本;其结果与 CPI 和 SPI 有关。如果把当前时间点已完成的工作量当作一个单位,则已完工作量的单价指数为 $1/(CPI \times SPI)$。ETC 是指以项目进行到某个时间点的实际状况为基础,估算完成剩余工作需要的成本,本质上是按工作量计算的成本费用。ETC 估算结果取决于假设条件,即取决于未来花钱的效率和干活的效率,也就是进度绩效和费用绩效。

利用历史数据预测未来,是挣值原理的主要功能。当前数据日期下,对项目的状态进行统计分析,测算出主要参数,评价项目的状态。根据项目从历史中走来的状态,预测未来的趋势,为项目管理决策指明方向,寻求方法,是挣值原理的使命。预测的参数包括剩余产值(ETC)、预估总产值(EAC)、预估总工期(TTC)、费用绩效(CPI)、进度绩效(SPI),归结到底就是对未来工期和费用的预测。预测的工况有四种:

工况 1

项目偏差已经发生,且产生偏差的因素并没有消除,偏差仍将持续,根据完成的情况预测项目完工时的费用和工期。这时:

尚需剩余产值 ETC=(BAC−EV)/CPI

预估总工期 TTC=已完成工期+(BAC−EV)/(RS×SPI)

RS=计划总费用/计划总工期

工况 2

项目偏差已经发生,经分析发现是偶然因素的影响,项目后续工作将回到预算状态,根据完成情况预测完工时的工期和费用。这时:

尚需剩余产值 ETC=BAC−EV。

预估总工期 TTC=已完成工期+(BAC−EV)/RS。

RS=计划总费用/计划总工期。

工况 3

项目偏差已经发生,要求在后续工作中纠正,在剩余预算费用内完成项目工作,根据完成情况预测后续工作要达到的 CPI 值,即要将费用的使用效率提高到何种程度。

尚需费用绩效指数 TCPI=(BAC−EV)/(BAC−AC)。

工况 4

项目偏差已经发生,如果生产状态又不做改变,既不采取措施提高生产率效率,又不想方设法降低消耗,即 CPI 和 SPI 都是保持不变,则剩余工作量的成本 ETC=(BAC-EV)×(1/SPI×CPI)。其中 CPI×SPI 又叫"关键比率"(critical ratio,CR),如果在完成计划工作量的前提下,要在剩余的工期内将之前耽误的工期和超支的成本都找回来,则要求综合绩效提升为 1/CR。

2. 完工估算(estimate at completion,EAC)

EAC 指在某个时点,预测完成整个项目需要的成本,当然就是实际已经花掉的成本加上 ETC,EAC=AC+ETC;如果剩余工作还是以当前成本绩效指数来完成,那么也可以用 EAC=BAC/CPI 计算;完工估算 EAC 实际上就是预测项目完工时候的实际成本 AC。

3. 完工偏差(variance at completion,VAC)

VAC 是指在某个时点,预测项目在完工的时候将会出现的总的项目的成本偏差。计算公式 VAC=BAC-EAC,也就是项目开始时原计划的预算减去现在预测的项目将会花的成本。完工偏差 VAC 实际上就是预测项目完工时的成本偏差 CV。

4. 预测完工尚需绩效指数(to-complete performance index,TCPI)

TCPI 是指在某个时点,要在完成剩余工作时实现特定目标,而必须要达到的绩效水平。计算公式 TCPI=(BAC-EV)/(BAC-AC),也就是剩余的工作量除以剩余的预算。如果目标是剩余工作不追加预算,则要求 TCPI=1;如果要求完工时预算有结余,则 TCPI>1;如果容许使用项目储备,可以超预算,则可以根据容许程度不同确定一个小于 1 的 TCPI 值。大多数情况,要求高成本绩效,一分钱要当两分来用,即 TCPI>1。

5. 预估完成时的总工期 TTC

设当前计划工期为 TS(time of schedule),已完成实际工期为 TA(time of actual),计划生产率为 RS(rate of schedule),实际生产率 RA(rate of actual),预估总工期为 TTC(total time of construction)。

按照原计划,生产率应为 RS=计划工程量/TS,即单位时间应完成的数量。在当前日期,作业已经完成了一定工作量,也支出了部分成本,实际的生产率为 RA=实际工程量/TA。当 RA 与 RS 一致时,表示作业进展与计划符合。

当 RA 与 RS 不一致时,则总工期就会与计划工期发生偏差,为了掌控作业进展,需要预测总工期,以便于做出策略的调整。进行 TTC 估算时,要分两种情况。

(1)偶然因素引起作业进展发生偏差,当原因消除后,生产效率又回到计划状态,TC 即预计总工期等于当前值与按照计划完成剩余工作的工期之和。这种情况是非典型偏差,这时:

$$TC=TA+剩余工程量/RS$$

(2)系统因素引起作业进展发生偏差,即引起偏差的因素持续发挥作用,生产效率再也

回不到从前的计划,而是按照实际效率直至完成。这种情况是典型偏差,这时:

$$TTC = TA + 剩余工程量/RA$$

剩余工程量也可以用剩余产值 ETC 来计算。在非典型偏差出现后,后续的工作按照计划效率完成,这时用剩余产值除以预算单价得出剩余工程量。当出现的偏差为典型偏差时,用典型偏差的剩余产值除以实际单价得出剩余工程量。

预测总工期的计算,关键的参数是单位时间完成的数量和剩余的工程数量。当后续工作按照原计划的效率进行,则用计划生产率计算;否则,用实际生产率计算。

一旦工期延误而且费用超支,项目的前途就十分堪忧。如果要调整项目状态,只有调整生产效率或者费用绩效两种途径。在工作量一定的情况下,压缩进度必须增加成本。这就是项目管理三角形理论。在该理论中,项目工期、成本费用、工程量是三角形的三条边,所围成的三角形的面积就是项目的可交付成果(包括范围和质量标准),一般说来,项目可交付成果明确后,三角形的面积就确定了。三角形三条边关系密切,为了维持三角形的面积,任何一条边的变化都会引起其他两条边中至少一条的变化。如果想压缩工期,就必须加大预案算费用,或者要提高质量,也必须加大预算费用。当工期、费用、质量均不变化时,通过团队文化建设,激发成员的创造性和奉献精神,也可以增大三角形的面积,取得更好的绩效。

6.8 数据管理

6.8.1 BIM 数据管理的机遇与挑战

基于 BIM 模型的水电工程项目管理工具应用过程中会产生海量有价值的数据,这些数据不仅蕴藏着价值与知识,也潜藏着伦理、安全、不当使用等多方面的风险。如何管理并利用这些数据,已经不仅仅是数据科学家的职责,更成为众多工程管理者关注的重点。

国际数据管理协会认为数据是企业运行的一种新型资产。与项目管理中关注的其他资产不同,实物资产可以被触摸、被移动、被损耗,财务资产可以通过财务报表进行计量,但数据资产却是不可触摸、难以定量计算价值的。数据在使用过程中不会被消耗,相反,对数据的适当使用可以产生新的价值;数据很容易被保存与复制,但也存在丢失的风险,数据一旦被丢失也很难被找回;数据可以同时应用于多个项目中,同样的数据可以在同一时刻被多人利用;数据的价值往往需要在实际应用中发挥出来,单纯被储存中的数据并不能带来太多价值,如何对已有数据进行高效挖掘和利用至关重要。数据资产的这些特点增大了数据追踪的难度,也导致企业难以对数据资产的量、价值进行量化,要求对数据的所有权与获取途径等进行新的设计。

数据安全与数据挖掘分析是 BIM 数据管理的两个重要方面。数据安全实践的目标是保护数据资产,以符合来自各利益相关方、政策法规、合同要求等的隐私与保密规定,同时满足合理适当的访问需求。常见的数据安全风险见图 6-11。

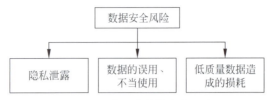

图 6-11　常见的数据安全风险

1. 低质量数据造成的损耗

数据管理的核心是确保数据的质量,如果数据不能正确反映对象的特征或规律,则容易在项目建造决策中起到相反的作用。低质量数据条件下所有收集、存储、安全加固、应用数据的工作都变得徒劳无功。

2. 数据的误用与不当使用

数据使用者需要了解数据的来源、组织形式等基本信息,在未获取足够正确信息的情况下,就有数据滥用或误用的风险。而对数据未进行安全保护措施,则容易造成数据的非法访问,带来伦理、竞争力、价值等多方面的影响。

3. 隐私泄露

水电工程项目规模大,参与方众多,BIM 数据中不可避免地会涉及组织或个人的隐私数据,例如施工人员的行动轨迹、工程本身的设计资料等。忽视数据的隐私泄露风险,不仅会对个人的隐私产生威胁,还可能降低组织在市场的竞争力。

数据挖掘分析是充分开发数据潜在价值,对数据进行增值增强的环节。目前对数据进行挖掘分析的技术手段包括数据挖掘、数据可视化、数据报表等。以数据挖掘为例,数据使用者可以通过神经网络、深度学习、统计概率论模型等技术手段,建立对象的预测性模型或规范性模型。

为应对海量 BIM 数据带来的挑战,项目管理者可以着力于制定合理的安全政策与规范、开展安全程序工具的设计开发应用等。

6.8.2　BIM 数据管理的原则

由于数据本身的特征,特别是对 BIM 数据等大规模数据集而言,数据管理成为一项具有挑战性的工作。数据管理工作需要管理者了解组织拥有的数据类型、可以应用的场景,并据此决定如何最大化地利用这些数据,以实现组织的需要。与此同时还需要考虑数据风险的存在,在组织内部制定适当的操作流程与规范,预防风险事故发生。国际数据管理协会认为要实现有效的数据管理,需要认同以下理念(DAMA 国际,2020):

1. 数据是有价值的

数据应被认为是一种具有独特属性的资产。虽然目前尚无统一的标准,但数据的价值是可以借助财务术语表征的。为实现对数据的高效管理这一目标,需要管理技巧与人员支持的双重作用。

2. 数据管理是业务需求

数据管理的最终目标是满足组织的目标需求,这就要求组织必须精准掌握相关方对数据质量的要求,质量过低则容易造成组织数据需求不能满足,质量过高则可能产生不经济的投入。为做到这一点,组织还应该在数据结构体系和流程设计之初,就开始数据管理工作的规划。

3. 数据管理依赖于不同的技能

数据管理需要一系列的技能,要求掌握不同专长或能力的组织成员进行合作,单一的技术人员或非技术人员都难以独自完成这一任务。数据管理工作还应是动态变化的,随着组织需求的不同与数据本身的改变,而进行动态调整。

4. 数据管理是生命周期管理

数据具有生命周期,并随着建设项目的开展不断更新。数据管理工作中应充分认识到数据在不同生命周期的数据特征,识别不同生命周期的安全、伦理风险。

6.8.3　BIM 数据的安全与风险管理

和其他数据一样,BIM 数据在持续产生与应用过程中也面临着安全与伦理风险。在数据安全与风险管理中,需要对数据资产设置适当的访问权限,防止非法访问发生。过于严苛的安全措施会增大数据获取与应用的难度,进而削减数据产生的价值;而过于松散的安全措施则容易导致数据质量下降与数据滥用,数据安全管理决策中需要在两者之间进行平衡。

对于企业而言,数据安全直接关系到企业竞争力:一方面不当的数据保护可能导致企业机密的泄露,降低企业在市场上的竞争力;另一方面数据保护不当的企业存在用户隐私泄露的风险,对企业声誉会造成负面影响。对个人而言,更加关注的是数据隐私保护,BIM 数据中存在诸如定位、照片、联系方式等与个人隐私密切相关的数据,这些数据需要采取适当的措施予以保护,防止数据滥用与隐私泄露。还应当认识到的是数据保护除了关注竞争力与隐私保护之外,还应该符合数据伦理与相关法律法规的要求,这对任何组织的长期成功都是必需的。

数据安全的具体要求会随行业、时间产生变化,但数据安全与风险管理的指导原则可以概括为图 6-12。

组织级的数据安全措施不仅包括 IT 技术安全等技术手段,还包括组织内的数据安全制度、业务流程、访问权限控制等制度层面的手段。技术层面的方法包括设计开发数据安全管理工具、采用数据加密技术、数据备份、控制访问权限与频率等;组织制度层面的方法

```
┌─────────────────────────────┐    ┌──────────────────────────────┐
│                             │    │ 需求                         │
│  数据安全与风险管理指导原则  │    │ 利益相关方、政府、特定业务、 │
│                             │    │ 合法访问、合同义务           │
└─────────────────────────────┘    └──────────────────────────────┘
```

┌──┐
│ 协作   │
│ 信息技术安全人员、数据管理人员、组织内部与外部的审核人员以及   │
│ 法律部门之间的协同合作   │
└──┘

┌──┐
│ 企业整体的角度   │
│ 在企业范围内制定实施一体的数据安全制度   │
└──┘

┌──┐
│ 主动管理   │
│ 需要各参与方建立数据保护意识，积极主动参与数据安全管理   │
└──┘

┌──┐
│ 明确责任   │
│ 明确规定各相关方的职责与责任判定，设置跨部门的数据监管小组等   │
└──┘

┌──┐
│ 减少披露   │
│ 通过减小数据披露，控制访问权限，来最大程度降低敏感数据的扩散，   │
│ 尤其是对于非生产目的下的数据获取   │
└──┘

图 6-12　数据安全与风险管理指导原则

则包括识别与分类敏感数据资产、分散储存与保护、依据业务流程定义访问权限、设置数据监管机构、数据安全意识培训等。

6.8.4　BIM 数据挖掘分析

数据的特性决定了数据在使用过程中非但不会损耗，还会产生新的数据，数据应用的过程正是数据价值得到开发的过程。以数据挖掘、统计分析、数据可视化、统计报表等手段进行 BIM 数据潜在价值的挖掘分析日益重要。"数据挖掘"是指从大规模海量数据中，挖掘发现人们感兴趣的、事先未知的、具有潜在用途、非平凡的知识或者模式，也被称为知识抽取、数据库中知识发现、数据捕捞、数据考古、信息收获、商业智能等。近年来，以神经网络为代表的数据挖掘技术在多个水电工程项目得到了应用。如自适应神经模糊系统（ANFIS）被用于大坝变形预测，并成功应用于三峡二期围堰工程（沈细中等，2006）；利用卷积神经网络技术对水电工程安全隐患排查系统数据进行智能挖掘分析，实现了典型隐患的自动识别（林鹏等，2019）。BIM 技术开创性地汇聚了几何、材料、进度、成本、质量、人员等众多维度数据，为数据挖掘分析提供了广阔的应用前景。

数据挖掘分析的功能主要包括预测性分析与规范性分析。预测性分析中可以基于与关注的量可能相关的历史数据及其他变量,进行数据的分析预测、分类聚类等。预测结果可以为水电工程项目的管理人员决策提供参考,对现场施工条件、潜在风险进行预警,提高水电工程项目管理的水平。规范性分析则是在预测性分析的基础上更进一步,不仅预测可能的结果,还致力于揭示造成特定结果的影响因素。

数据挖掘成果的准确性与可靠度是随着数据规模的增大而逐渐提高的。对一个组织而言,在不同项目积累的数据资产可以累积并增加其价值。此外,数据挖掘对数据质量的要求较高,这也要求 BIM 管理工具需要设计规范的数据接口,能够针对多种需求的挖掘项目提供整合优质的数据集。

参考文献

AI H M, HAMZEH F. 2015. Using social network theory and simulation to compare traditional versus BIM-lean practice for design error management. Automation in construction,52,52:59-69.
ANDERSON H L. 1986. Metropolis, Monte Carlo, and the MANIAC[J]. Los Alamos Science,14(14):96-108.
CSDN 梅森上校. 2018. 解读 PMP 考点:挣值原理[EB/OL]. [2018-10-30]. https://blog.csdn.net/seagal890/article/details/83552020.
DAMA 国际. 2020. DAMA 数据管理知识体系指南[M]. 2 版. DAMA 中国分会翻译组,译. 北京:机械工业出版社.
HELMER D O. 1963. An Experimental Application of the DELPHI Method to the Use of Experts[J]. Management Science,9(3):458-467.
LIU Y, VAN N S, HERTOGH M. 2017. Understanding effects of BIM on collaborative design and construction: An empirical study in China[J]. International Journal of Project Management,35(4):686-698.
PAPADONIKOLAKI E, VRIJHOEF R, WAMELINK H. 2016. The interdependences of BIM and supply chain partnering: empirical explorations[J]. Architectural engineering and Design Management,12(5-6):476-494.
Project Management Institute. 2018. 项目管理知识体系指南[M]. 6 版. 北京:电子工业出版社.
REICHEL C W. 2006. Earned value management systems (EVMS): "you too can do earned value management"[C]//PMI® Global Congress 2006. Seattle.
Wikipedia. Delphi method[EB/OL]. https://en.wikipedia.org/wiki/Delphi_method.
Wikipedia. SWOT analysis[EB/OL]. https://en.wikipedia.org/wiki/SWOT_analysis.
ZHANG X, ARAYICI Y, WU S, et al., 2009. Integrating BIM and GIS for large-scale facilities asset management: a critical review[C]//The Twelfth International Conference on Civil, Structural and Environmental Engineering Computing,1-4 September 2009, Funchal, Madeira, Portugal.
百度百科. 德尔菲法[EB/OL]. https://baike.baidu.com/item/德尔菲法/759174?fr=aladdin#reference-[1]-41300-wrap.
陈默祈. 2018. 电商专业营销写作教学内容与策略探讨[J]. 文存阅刊,(11):116-117.
陈子豪. 2019. 基于 BIM 的项目管理流程再造研究[D]. 徐州:中国矿业大学.
崔巍. 2011. 头脑风暴法在产品开发中的应用[J]. 企业改革与管理,(5):60-62.
崔宗举. 2017. 基于 BIM 的工程项目管理研究[D]. 郑州:中原工学院.

杜卉.2017.BIM技术在总承包单位工程管理中的应用研究[D].淮南:安徽理工大学.
房雪芳.2018.建筑智能化系统工程施工项目管理[J].智能城市,4(10):108-109.
傅瀚.2018.基于BIM的总承包项目管理研究[D].青岛:青岛理工大学.
顾新勇,王形,应群勇.2013.中国建筑业现状及发展趋势[J].工程质量,36(1):3-8.
郭红领,潘在怡.2017.BIM辅助施工管理的模式及流程[J].清华大学学报(自然科学版),57(10):1076-1082.
郭红领,于言滔,刘文平,等.2014.BIM和RFID在施工安全管理中的集成应用研究[J].工程管理学报,28(4):87-92.
何山.2017.宁波软土地区地铁深基坑施工风险评估与管控研究[J].建井技术,38(6):52-57.
胡翔天.2018.论BIM技术在建筑智能化领域的发展与应用[J].山西建筑,44(33):255-256.
李来祥,黄乾,徐成,等.2008.Monte Carlo模拟在农业综合开发项目风险评价中的应用研究[J].安徽农业科学,(8):3055-3056.
林鹏,魏鹏程,樊启祥,等.2019.基于CNN模型的施工现场典型安全隐患数据学习[J].清华大学学报(自然科学版),59(8):628-634.
刘晶.2018.衡阳市白沙绿岛军民融合产业园发展战略研究[D].衡阳:南华大学.
刘文平,郭红领,任剑波,等.2014.BIM在EPC公路工程中的应用模式研究[J].建筑经济,35(9):31-34.
卢亮.2013.基于利益相关者理论的公路建设项目风险管理[D].青岛:青岛科技大学.
邱明明.2019.基于BIM的项目设计质量管理研究[D].南昌:南昌大学.
任琦鹏,郭红领.2015.面向虚拟施工的BIM模型组织与优化[J].图学学报,36(2):289-297.
赛巴斯蒂安-科尔曼.2020.穿越数据的迷宫-数据管理执行指南[M].汪广盛,等译.北京:机械工业出版社.
沈细中,张文鸽,冯夏庭.2006.大坝变形预测的ANFIS模型[J].岩土力学,27(S2):1119-1122.
孙永风,杨永新.2020.基于多体系的综合管理体系构建方法研究[J].中国石油企业(Z1):86-91.
王茹,戴会超,唐德善.2016.大中型水电工程建设风险系统分析[J].水利水电技术,47(9):134-138.
王烨晟,吴勇,张文君,等.2020.轨道交通工程安全风险与隐患排查综合防控模型研究[J].市政技术,38(2):121-124.
魏亮华.2013.基于BIM技术的全寿命周期风险管理实践研究[D].南昌:南昌大学.
荀杨.2019.BIM技术在工程项目进度管理中的应用研究[D].长春:长春工程学院.
燕永贞,白明.2004.建立挣值管理体系集成控制项目进度与成本[J].基建优化,(2).
姚云晓.2012.刍议我国隧道及地下工程建设风险管理实行统一规范的必要性[J].隧道建设,32(1):19-25.
张国辉.2018.基于资信评价下中国石油YS公司合同管理研究[D].西安:西安石油大学.
张丽华.2012.项目风险管理文献综述[J].老区建设,(8):12-14.
张社荣,潘飞,吴越,等.2018.水电工程BIM-EPC协作管理平台研究及应用[J].水力发电学报,37(4):1-11.
赵帅.2010.施工项目精益建造管理技术研究[D].长沙:长沙理工大学.
赵晓波.2014.城市轨道交通工程项目设计管理智能信息系统构架[J].中华建设,(1):102-103.

第 7 章

基于BIM与水电智能建造技术融合管理

有别于传统水电工程项目管理,基于 BIM 技术的水电工程项目管理在管理效率、管理质量等方面优势明显。本章首先论述基于 BIM 的水电工程项目管理的关键技术,其次论述了水电工程项目施工现场端网云支撑技术,3D 精细化建模技术与智能建造的灌浆、碾压等技术的融合,以及 BIM+GIS 定位技术和水电工程项目管理的融合,这些内容是支撑水电工程职能管理和项目管理的基础。

7.1 基于 BIM 的水电工程项目管理关键技术

7.1.1 传统管理模式与 BIM 管理模式对比

传统管理模式与 BIM 管理模式的对比见图 7-1。基于 BIM 的管理模式充分利用现代测控、网络通信、工程 3D 数字化、智能传感等新一代信息化及数字化技术,结合水电站施工信息管理的技术特点,在水电站施工 BIM 信息模型的基础上,通过集成工程施工质量、进度、安全、造价等工程建设信息,形成数据全面、组织有序、服务于电站建设直至运维阶段的"水电站工程数据中心"。

7.1.2 与 BIM 融合的关键信息化技术

通过对数字化、信息化、智能化关键技术同基于 BIM 技术的水电工程管理技术的融合,进一步实现了对其价值提升,主要包括以下关键技术。

1. 空间定位技术

借助 4G/5G、GPS 信号及"智能手机 App+WiFi"的定位技术,实现机械设备及现场工

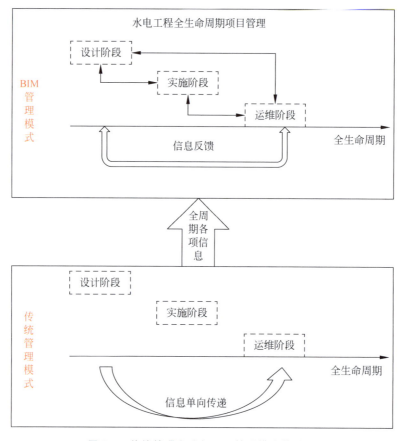

图 7-1　传统管理方式与 BIM 管理模式的对比

程人员坐标方位的全过程、全天候在线实时监控,借助移动通信网络,将定位数据及有关的控制信息传送至远程监控中心,满足 GIS 地图上显示移动车辆及现场工程人员的实时位置和周围环境信息,实现车辆与人员远程异地监控调度管理。

2. 射频识别技术

利用射频识别技术(RFID)的"身份"识别能力,实现电站施工预埋管件及后期机电设备的自动统计,并生成报表清单。通过进一步结合电站全信息 3D 模型(BIM)及工程施工进度信息,分析得到电站施工的预埋管件等的供求信息,为物资采购与库存提供数据支持。

3. GIS 地图与电子围栏

电子围栏是系统为每个建筑物/浇筑仓面在 GIS 中设定其基于地理位置的唯一标签和具体范围,是由一系列经度、纬度组成的某一区域。当特定作业资源进入、离开电子围栏区域时,作业资源主动向工程数据中心上报当前信息,工程数据中心获得当前作业资源进入/离开电子围栏的时间,通过智能比对,系统自动分析判断当前作业资源状态。

4. 施工进度可视化展示与关键路径分析

以电站全信息 3D 模型为基础的工程设计施工一体化生产管理模式,实现对工程进度、质量、资源等业务数据的整合，对比分析工程建设的计划进度和实际进度，3D场景形象展示工程建设的实时面貌，展现实际执行状态和计划目标之间的差距，分析计算各时段工程施工强度及工程量等关键性指标，判断次关键线路转变为关键线路的可能性，实现工程管理由传统依靠经验类比定性分析向数字化、精细化管控转变。

5. 信息综合展示技术

借助互联网通信、数据接口及数据图形化技术，实现异地、多源的工程生产业务数据在统一的信息展示门户上以图形化、符号化方式展示。系统模块的用户多级授权管理控制机制，使项目领导和各专业团队都能远程获取和共享最新工程数据，为工程动态设计、消除工程风险提供可信的决策依据。

6. 虚拟现实展示技术

虚拟现实展示技术以工程数据中心为数据基础平台，通过3D虚拟现实技术将工程数据中心的各类数据（全信息模型）轻量化发布，实现数据库与3D可视化的交互，完成工程场景3D虚拟互动漫游，库区景观、工程枢纽、历史遗迹、地标建筑等场景的展示，模拟电站下闸蓄水、泄洪、冲沙及发电原理等。

7. 移动互联网技术

移动互联网应用技术，就是借助移动互联网终端（如手机、平板等）实现传统的互联网应用或服务，它是移动和互联网融合的产物，继承了移动随时随地随身和互联网分享、开放、互动的优势，是整合二者优势的"升级版本"。作为移动互联网的典型载体——智能手机，目前已经发展到一个前所未有的高度，具有比以往更快的处理速度、更灵敏的传感器、更智能的操作系统、更丰富的软件应用，结合4G/5G通信技术可提供更快捷的信息和服务。

8. 物联网

物联网是互联网、传统电信网等信息承载体，让所有能行使独立功能的普通物体实现互联互通的网络，物联网一般为无线网。在物联网上，可以应用电子标签将真实的物体上网联结。物联网将现实世界数字化，拉近分散的信息，整合物与物的数字信息。物联网是智慧电厂大数据的重要来源之一。

9. 大数据技术

大数据技术是以容量大、类型多、存取速度快、应用价值高为主要特征的数据集合，正快速发展为对数量巨大、来源分散、格式多样的数据进行采集、存储和关联分析，并从从中发现新知识、创造新价值、提升新能力的新一代信息技术和服务业态。大数据的核心不在于数据量大，而在于数据的分析挖掘。

10. 云计算

云计算是一种可以随时随地方便且按需地通过网络访问可配置计算资源（如网络、服务器、存储、应用程序和服务)的共享池模式,这个池可通过最低成本的管理或与服务提供商交互来快速配置和释放资源。下面将具体介绍关键技术的融合情况。

7.1.3 数字化移交

基于以上技术的应用,水电站工程可以实现数字化移交管理。数字化移交是指在水电站工程规划设计和基建期间,采用先进的3D数字化技术对水电站工程相关的模型、文档、结构化数据等进行规划、搜集、整编、质量校验、发布等工作,为水电站工程全生命周期管理和大数据综合应用建立基础数据平台和服务框架,为工程数据中心的建设提供数据基础。基于BIM的水电工程数字化设计、交付和管理全过程,为实现工程持续的价值创造打下坚实基础。

(1)设计数字化,在水电站工程建设前期(含规划、预可研、可研设计)、工程建设期(含招标设计和施工图设计),全面推广数字化设计,实现数字化移交、状态展示、运行检修模拟、全景展示等功能,实现设计过程的数字化。

(2)施工数字化,充分利用水电站工程数字化设计成果,编制标段施工组织设计、施工方案,指导现场施工作业。将工程建设过程中形成的原材料试验报告、观测数据、验收评定资料、工程总结等文件及数据资料,完整地纳入数字化电站数据中心,与水电站数字化模型无缝挂接,为后续工程建设信息查询、情景展示及运维提供基础资料,实现施工过程的数字化。

(3)设备数字化,要求设备厂家充分应用先进的数字化设计平台,实现设备设计、制造过程的数字化,提交成套设备的数字化模型及相关数据,实现设备设计、制造过程的数字化。

一般水电站数字化移交管理系统功能主要包括:3D模型轻量化发布、数据信息统一编码、数据信息一键式移交等。

1. 3D模型轻量化发布

3D数字化技术使得实物资产转化为数字化资产成为可能,而虚拟的数字化资产提供了在计算机系统中快速重建实物资产间的功能关系、空间位置关系的方法,为在计算机系统中模拟实物资产运行行为和可视化展示提供了途径。

通过先进的3D数字化技术建立抽水蓄能电站全信息3D模型,内容涵盖地形、地质、水工建筑物、机电设备等。对电站全信息3D模型进行编码、技术参数属性添加、轻量化技术处理,形成全信息3D模型。再将全信息3D数字化模型通过网络端发布进行综合展示和操作。

2. 数据信息统一编码

编码是开展实现电站全生命周期管理的基础,是实现数字化移交的重要纽带,是计算机对工程全生命周期管理系统中各类数据进行自动化整理、逻辑关系建立的基础,编码的作用贯穿设计、施工及运维的整个过程。

为了保证数字化移交工作的顺利实施及数字化移交平台与各业务系统的成功对接,需结合电站现场的编码特点,建立机电对象编码、勘测对象编码、土建对象编码、位置编码、电子文档存储位置编码、文档编码、人员和组织编码等。

3. 数据信息一键式移交

基于一套3D数字化解决方案,通过以编码为纽带,实现水电站设计、施工、设备、生产运维数据的一键式移交,保证了工程数据中心的顺利形成。

7.2 端网云技术支撑

水电工程主要位于偏远地区,通信等基础设施落后,不能满足系统基础硬件环境条件的要求,且工程建设中数据类型复杂,各系统各自独立按"烟囱式"开发,易形成信息孤岛和硬件资源的重复建设,不利于系统之间的集成应用和快速部署,也不利于数据挖掘利用和发挥数据的价值。

因此,构建成熟、成套的数据感知、数据传输、数据储存、数据分析及数据反馈控制体系,是保证水电工程智能建造的重要前提,包括端技术——智能感知数据;网技术——数据的传输及互联;云技术——数据的储存、分析。

7.2.1 端技术

在水电工程现场可通过集成三轴陀螺仪和三轴加速度计、4G/5G芯片和GPS+北斗双模模块、集成蓝牙4.0模块、声光报警与紧急呼叫功能,建立成套的移动终端(图7-2)。移动终端可结合不同应用场景为不同应用软件提供空间位置数据采集与回传功能,为解决现场流动性管理问题提供基础的应用支持。

图 7-2 成套的移动终端示意图

7.2.2 网技术

集成应用 4G(FDD-LTE)、数据加密技术(VPDN)、光环传输网(SDH),构建适应大型水电工程建设不同施工场景的多元工程数据实时传输网络通信系统,实现工程数据和移动终端开源在统一网络环境下安全、稳定的互联互通。其特点主要有:

(1) 光环传输网形成多个内部环网,对现场实时数据形成环路保护,保障工程数据和移动终端在统一网络环境下安全稳定的互联互通(图 7-3)。

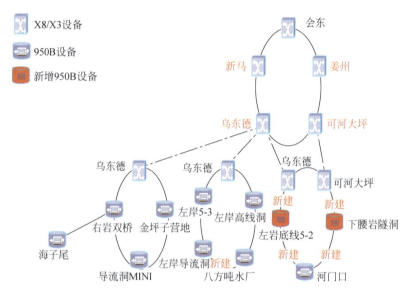

图 7-3 光环传输网

(2) VPDN 加密隧道技术,将企业网的数据封装在隧道中进行传输,保障工程数据和移动终端在统一网络环境下安全稳定的互联互通(图 7-4)。

(3) 数据传输网络可覆盖水电工程地下三大洞室和地上作业区及相关施工道路。

7.2.3 云技术

构建基于开源平台的企业混合云平台,通过分布式存储和云计算技术,实现各系统跨地域多项目应用所需计算和存储资源的快速供给及服务的快速交付,达到数据资源的集中存储与管理的目的。

在城市数据中心构建基于开源架构的企业混合云平台,通过计算、存储资源、应用服务云化,实现各系统跨地域、多项目应用所需计算和存储资源的快速供给及服务的快速交付,达到数据资源的集中存储与管理。

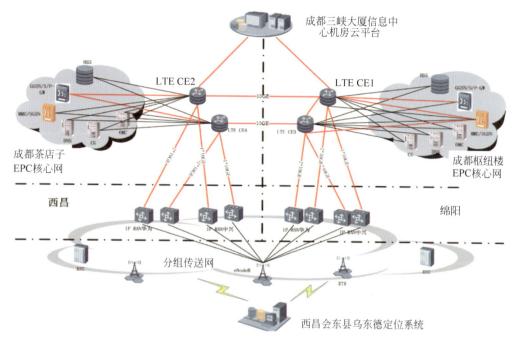

图 7-4　VPDN 网络

7.3　BIM 与典型智能建造技术融合管理

3D 精细化建模技术包括 3D 精细化地质模型和 3D 精细化结构模型。传统水电工程建设多以二维图纸作为地质模型和结构模型参照的依据,其可视化程度以及直观程度不高,信息查阅烦琐,专业化程度高,设计、施工、监理、业主之间沟通难度大,缺少 3D 甚至 4D 的信息展示效果。

根据建模软件与方法的不同,BIM 3D 精细化建模流程略有不同。如长江勘测设计院基于 CATIA 3D 协同设计平台,从工程地质数据库中读取测绘点、钻孔、平洞等地形地质数据并自动导入 GOCAD 中,结合 ArcGIS 技术,构建高精度 3D 地质模型后,连同地质属性信息导入至 CATIA 基础平台中,进行后续枢纽布置等多专业 3D 协同设计,嵌入设校审过程管理机制,融入 BIM 标准体系,可以实现地质、水工、桥隧、建筑、机电、金结、施工总体等多专业 BIM 设计建模,并且可以在工程勘测设计的不同阶段开展多方位的专业性 BIM 应用工作(李小帅等,2017)。基于 AutoCAD Civil 3D 软件,通过地质数据组织、空间插值、地质曲面构建、地层尖灭、地质体实体化等流程,并采用 C♯.NET 语言和 Visio Studio 平台编程进行二次开发,实现了 BIM 的 3D 地质建模(钱睿,2015)。彭兴东(2016)则以 Revit 作为核心软件实现了 BIM 的精细化 3D 建模。

建立 3D 精细化模型目的是实现 BIM 技术与智能灌浆技术、智能碾压、智能振捣、碰撞检查以及数值模拟等更好的交互,进而指导水电工程现场高效、智慧建设。

下面就智能灌浆技术与 BIM 3D 地质模型的交互进行论述。

7.3.1　BIM+灌浆技术

水电站枢纽区固结灌浆及防渗帷幕孔众多,工作量、信息量巨大,工作面分散,灌浆施工质量把控困难,施工过程产生的数据量大。承包商为了使得利益最大化,可能会采取各种手段,掩盖灌浆的真实过程,提供与灌浆过程不一致的灌浆资料,这类事件在传统水电灌浆过程中时有发生。这给灌浆工程的管理本身带来困难,加上各种利益交织,简单的采用人海战术和增加管理旁站人员等常规手段和方法,已经不能有效地管控灌浆施工过程。同时,灌浆资料的整理和管理如果采用常规的手段,将需要耗费大量人力和纸张,中间查找原始资料也是非常困难。综上,目前灌浆管理已经对工程的发展造成一定的制约,灌浆工程管理必须进行技术创新和管理手段的创新。数字化、标准化的灌浆管理系统,对灌浆管理人员管理水平提高和管理经验的总结非常关键,特别是技术总结和集成。

自 20 世纪 90 年代,自动与数字灌浆逐渐被提出并提高了地下灌浆的质量和效率,在一定程度上也实现了灌浆检查的可视化:中国水电基础局与天津大学共同研制出我国第一台灌浆自动记录装置并成功进行技术鉴定(罗熠,2010),而后 GJY 型灌浆记录仪的研发标志着自动化灌浆记录的开始(夏可风等,1994),如 Taylor 等(2012)提出的商用灌浆监测系统,Choquet 等将灌浆与岩土工程监测相结合(2017)。数字钻孔摄像技术(魏立巍等,2007)、空间数据场 3D 云图体绘制方法(孟永东等,2015)、基于 B/S 结构的 3D 交互式灌浆可视化系统(闫福根等,2014)等数字化技术在一定程度上实现了灌浆的可视化。

随着信息化、智能化技术的发展,智能灌浆旨在实现灌浆工艺过程的智能控制以及灌浆效果的智能分析。Li 等(2019)建立了灌浆效果智能分析及反馈控制方法。天津大学闫福根等人(2012)提出灌前多尺度建模理论,为智能灌浆闭环控制理论打下了基础,随后又提出灌中闭环监测理论,最后耦合 3D 地质模型实现了地质与施工灌浆信息的耦合(闫福根等,2014)。长江科学院郭亮等人(2014)设计了一种在 ARM 平台上进行灌浆报警信息决策的装置,包括数据采集、传输、储存、智能决策以及声光报警等功能。三峡集团(2019)提出适应复杂地质条件的水泥灌浆三区五阶段智能控制方法及系统,在乌东德研发了智能灌浆单元机 iGC 和智能灌浆管理云平台 iGM 组成的智能灌浆系统(图 7-5)。

灌浆管理系统采用 BIM 技术和信息处理技术,可实现灌浆数据管理的信息化、可视化和智能化,具体具有如下功能:

(1) 对大坝 3D 精细地质模型、灌浆孔数字模型、水工建筑物模型进行动态集成,可以建立大坝岩基灌浆 BIM 模型,该模型可为灌浆工程提供一个全新的综合分析平台。

(2) 实现大坝灌浆现场数据(压力、流量、密度和抬动)的实时监控,同时将采集到的灌浆信息进行分析汇总,动态显示灌浆施工过程各种曲线、灌浆柱状图等分析成果,自动生成

7.3 BIM与典型智能建造技术融合管理

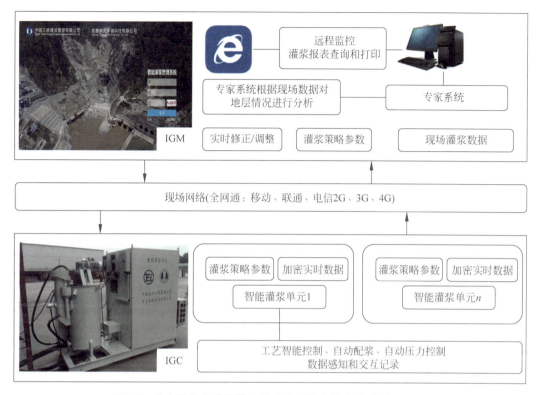

图 7-5　乌东德智能灌浆系统组成及主要功能（樊启祥等，2019）

符合规范要求的灌浆施工成果报表，为现场灌浆施工和验收提供技术支持。

（3）通过检测先导孔的声波、透水率及岩体地质情况，对分区的可灌性进行判断，提出基于可灌性分析的坝基灌浆施工方案优化方法，为调整灌浆方案提供参考，实现灌浆施工质量的事前控制。

（4）利用机器学习技术及数值模拟技术分析地质裂隙条件、灌前透水率以及灌后单位注灰量之间的定量关系，从而建立灌浆注灰量智能预测模型，对灌浆过程进行实时监控与分析；建立灌浆施工异常情况预警机制，针对灌浆过程数据进行在线分析，对异常数据（如灌后压水试验不合格孔段、单耗异常等）提供反馈报警信息和决策支持。

在常规的 BIM 应用模式中，为了实现项目动态管理，需要有一个 BIM 团队同步实时更新 BIM 3D 模型。而在灌浆工程中，灌浆孔的建模规模大，如果事先组织建模，形成静态模型，后期调整、维护起来也比较麻烦，需要消耗大量的人力和物力。

水电工程项目可以通过基于 BIM 和相关工程软件，采取实际数据驱动的参数化建模方式，只需要导入孔位参数，即可实现灌浆孔模型的自动创建、可视化查询（图 7-6）。建模过程完全不需要人工参与，可提高建模效率，节省项目人力。

又如，利用 BIM 技术，某大坝右岸 WMR1 的注灰率普遍高于其他部位，项目工作人员可以根据该情况对该部位的灌浆措施进行相应的调整（如适当调整开灌水灰比等）。如

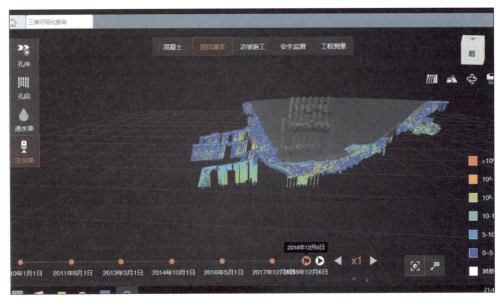

图 7-6　高拱坝灌浆孔模型的自动创建、可视化查询

图 7-7 所示的各序灌浆注灰量的趋势分析(单位注灰量：红＞绿＞蓝)，系统以 3D 可视化的形式，直观分析灌浆部位的透水率和注灰量情况。在采集的数据足够多后，可以形成"大数据"模型，辅助项目人员对不同地层情况下，各孔序灌浆的材料损耗进行一个预估。

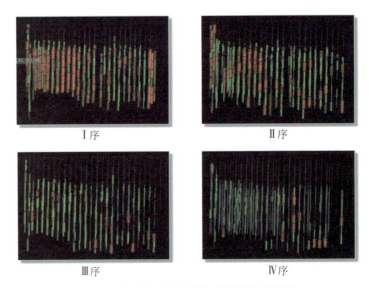

图 7-7　坝基各序灌浆注灰量的趋势分析图

7.3.2　BIM＋碾压技术

大坝、道路、机场等土石方填筑施工环境恶劣、工作面范围大、工程进度要求高，为改善欠碾、漏碾、过碾以及错碾等现象带来的碾压质量不过关问题，很多研究者致力于自动、数

字、智能无人碾压的研究。钟登华等（2015）依托"糯扎渡水电站数字大坝—工程质量与安全信息管理系统"，对心墙堆石坝填筑施工过程进行精细化的全天候实时监控；构建了大坝综合数字信息平台，对工程质量、安全监测、施工进度等信息进行集成管理；开发了安全监测与预警系统，实现对糯扎渡高心墙堆石坝填筑舱面的碾压参数实时在线、精细化的监控与应急预案的联动。最近在长河坝水电站工程，开发了"施工质量监控与数字大坝系统"，对大坝建设的施工进度、坝料运输、坝料加水、心墙料掺拌、坝面碾压、基础灌浆等全过程主要环节进行数字化监控，实现了工程的设计、施工及运行过程中涉及众多动、静态信息的综合集成管理与可视化分析，为工程设计、施工、运行与工程建设管理等提供全面、快捷、准确的信息和决策支持（图 7-8）。

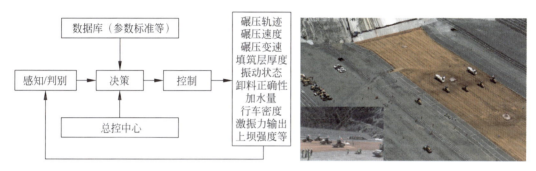

图 7-8　无人驾驶碾压速度与人工驾驶对比示意图（陈祖煜等，2019；张庆龙等，2018）

陈祖煜等（2019）利用激光雷达、短波雷达、卫星定位等关键技术，研发了不改变施工机械油路、电路等控制系统以及机械结构的无人驾驶改造技术，能够实现自主施工环境感知、自主施工行为决策、自主施工动作执行的目的。马洪琪等（2011）通过数字化碾压质量实时监控系统、中国水利水电第五工程局团队（2018）在长河坝工程、清华大学团队（2018）在前坪水库均实现了自动碾压系统的闭环反馈功能。

为解决水电工程施工进度与成本联动性不强、建设过程中缺乏对进度及成本的有效管控、偏差难以动态及时调整等问题，也可基于 BIM，结合第 6 章阐述的挣值方法（黄建文等，2019）形成碾压混凝土坝施工进度-成本联合管控技术。主要技术路径是通过建立碾压过程和大坝水工结构物的 BIM 3D 模型，并编制进度计划，利用挣值法开发挣值分析插件，能快速统计挣值数据并生成挣值指标曲线。项目管理者按实际情况设置检查时点和偏差预警阈值，动态监测信息和偏差预警信息判断项目进度、成本的执行情况，及时对项目建造进度成本计划做出动态优化，实现大坝 3D 模型与进度-成本信息的匹配关联，还可以结合大坝施工进度-结构性态-成本的耦合仿真模拟，实现实时在线施工面貌、工作性态及浇筑单元的进度、成本、资源配置和浇筑强度等信息可视化查询，提高项目管理效率及效益。这些方法技术也在三峡管控的乌东德、白鹤滩等大坝工程的智能建造平台中得到很好的应用。

BIM＋碾压技术的融合，具有以下优点：①全面感知对象和要素。感知对象包括碾压位置、碾压速度以及振动频率。基于 BIM 的信息建模技术,可以在模型中添加填筑材料、压实度、压实水分含量和压实质量等信息。②自主学习、决策和分析。碾压轨迹、碾压速度、振动频率、转向、加水量等控制可以基于同标准数据的对比或者总控中心的专家指令进而对感知的参数进行决策,基于强化学习等智能技术的优点,可以实现对复杂碾压环境的自主学习和决策。③持续优化。针对不同环境、碾压厚度、碾压面积、填筑材料等,智能碾压系统通过与环境的自主交互提升智能化水平,还可以实现从施工过程质量评价结果文件中提取施工单元模型 ID,并驱动各施工单元模型按照其施工过程开展在线质量评价。④通过建立碾压过程的 BIM 3D 模型,利用挣值法生成挣值指标曲线,建立偏差预警阈值,动态预警预报进度、成本的执行情况,实现 BIM 3D 模型与进度-成本信息的匹配关联,提高项目管理效率及效益。

7.3.3 BIM＋振捣技术

摊铺平仓和混凝土振捣技术直接关系到大体积混凝土的浇筑质量,摊铺轨迹、振捣时长、插入角度、插入深度、拔插速度等是混凝土舱面浇筑质量控制的关键因素(樊启祥等,2018)。智能平仓振捣控制技术采用北斗卫星技术、无线通信载波技术(ultra wide band,UWB)、定位技术、超声波测距技术等物联网技术实时监控,形成包括服务端、客户端、物联监控设备等的数字监控架构(马洪琪等,2011；樊启祥等,2016；杨宁等,2018；李文强等,2020)(图 7-9)。

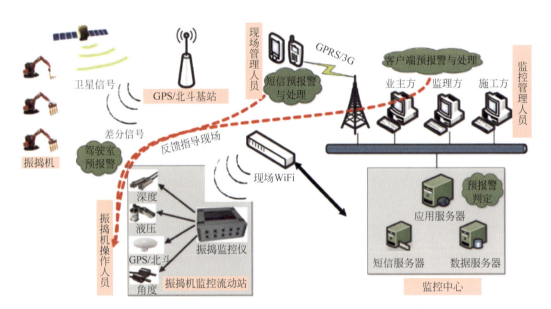

图 7-9 大坝混凝土舱面作业质量实时智能监控方案架构图(樊启祥等,2016)

振捣设备的位置监控是控制振捣质量的关键,学者们往往利用热成像技术(Burlingame,2004)和 GPS 与定位设备(Tian et al.,2019)等实现对振捣设备位置的实时掌控。振捣机振捣范围分析包括振捣棒组中心位置确定和实时振捣范围确定两个环节。根据水平夹角、定位天线坐标、小臂与数值方向夹角、定位天线顶端至大臂与小臂的连接关节旋转中心的距离、定位天线底端至振捣机的振捣棒组中心关节的距离,综合确定振捣机上振捣棒组的中心位置坐标。结合振捣棒组中心位置坐标、振捣棒组安装方式、单根振捣棒有效工作半径、振捣棒组水平旋转角度,可计算得到振捣棒组实时工作的有效区域。通过超声波测距传感器,可得到振捣棒实时插入深度。服务器自动分析深度、范围,以及振捣时长等数据与标准的差距并预警。

基于BIM+振捣技术,可以更加精准地实现振捣需求,分为三个步骤(樊启祥等,2018;杨宁等,2018):

(1) 状态监控和数据采集,通过安装在平仓机和振捣机的集成监控设备,实现对平仓机的工作位置、平仓轨迹、平仓高程等平仓相关参数的实时采集,实时监测振捣机的振捣位置、振捣时长、插入角度、插入深度和速度等,所有信息同振捣BIM平台耦合。

(3) 平仓振捣规范性分析,服务器通过WiFi以及数据中转站接收浇筑仓面的实时数据,同时对监测数据进行智能分析和判断,将监测与分析结果储存并发给监控客户端,客户端可实现实时图形化显示、历史数据查询、报表输出等,以图形实时显示在BIM上,并且更新相应的数据。

(3) 平仓振捣预警与反馈控制,发现超出控制指标时通过监控客户端、短信、监控终端等向施工管理人和现场操作人员发出报警通知,以及自己相应的建议措施,并记录处理结果,实现问题的反馈与预警。

7.4 BIM+GIS定位技术的管理

GIS定位技术同BIM系统结合可以实现对工人、车辆、设备等位置信息的实时查看和预警。大型水电工程建设工期长,人员、设备流动性大,高风险作业项目点多面广,作业环境复杂多变;高边坡开挖支护、高排架搭设与拆除、大跨度洞室爆破开挖等高风险项目众多,现场施工作业人员大多文化素质不高,安全意识较差,不彻底执行规章制度和操作规程,高发频发习惯性违章。这些客观原因决定了工程建设期间的安全隐患种类繁多且高发频繁,新《安全生产法》的正式实施,对企业安全生产工作提出了更高、更严的要求,如何有效监督管理安全隐患将给参建各方带来巨大的挑战。

传统隐患排查治理流程为:排查隐患→下发整改通知→组织整改→提交整改材料→验收闭合→资料归档。其特点是隐患管理以书面文件为主,人工统计隐患台账。对隐患排查治理的信息掌握不及时、不全面,隐患管理流程复杂,信息层层传递,耗时太长,且无法自动化分类统计、分级传达、有效监管、长久保存,尤其很难及时预警处于危险工作面的工人。

为了全面有效监管施工现场出现的各类安全隐患,督促总承包单位系统、全面地识别、分析、评价、治理施工现场各类隐患,保质保量确保工程项目如期竣工,在满足国家、行业和公司对隐患排查治理管理要求的基础上,结合各工地工程实际和隐患管理需求,利用"移动互联网+"思路,开发 BIM+GIS 定位技术的安全管理办法,可以实现对不同工作面、不同工种的实时定位掌控,进而对超出规定工作面的危险工况进行及时预警。配合微信平台的安全隐患管理系统,可以实现隐患信息传递及时有效,分类统计自动化,促进隐患排查全员参与,建立特大型水电工程安全隐患大数据,科学分析安全生产客观规律,以期促进隐患管理科学化、系统化和规范化,进一步提升水电工程安全管理水平。

7.4.1 主要功能

1. 工作区域内人员显示

人员随视图范围大小变化而分级显示,在全局视图下各类人员聚类为"点状+该类人员数量"标识,视图放大后,在局部视图下每个人以"点状"标识(图 7-10)。

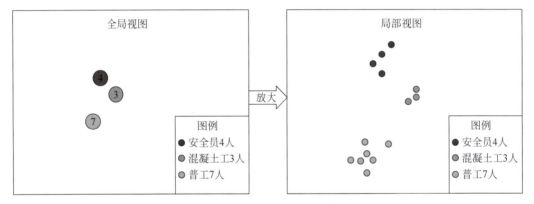

图 7-10 系统中人员显示示意图

当放大到某一工作区域时,可实现该工作区域内人员的分布示意,以及人员数量的分类显示。

当单击人员时,该人员详细属性信息可查询。另外,可通过选中实现单人、多人、多群组的人员定位与显示。

2. 工作区域内人员判别分析

系统可针对某工作区域内是否存在非本区域工作人员进行判断。如存在非本区人员则高亮显示,单击该高亮点可查询人员详细信息。

系统可针对某工作区域内是否存在未经入场培训的人员进行判断。如存在未经入场培训人员则高亮显示,单击该高亮点可查询人员详细信息。

3. 工作区域内人员轨迹分析

系统可实现全员活动轨迹的查询统计。可查询人员在某一时段内的活动轨迹,并对其进出某一工作区域的频次和时长进行统计。各单位可将统计表与人员绩效考核挂钩。

可查询各工作区域内设计、监理人员的在场情况(包括当前时段、某一时段及任意时段)。

可查询各工作区域内安全、质量、生产人员的在场情况(包括当前时段、某一时段及任意时段)。

4. 自定义分析

系统支持工作区域的自定义。各单位系统管理员可根据工程实际情况,新增工作区域或对工作区域进行调整。

系统支持人员某类活动的自定义统计。通过"自定义活动—划定区域—选择人员—选择时段—统计进出频次和时长",实现对重点区域、重点工序的监督。例如,对监理人员灌浆旁站的管控。

5. 个人用户需求

在个人手持终端上支持基于位置的服务。个人用户可实时采集当前位置信息(包括工程部位、标段、桩号信息),实现当前位置共享和导航。

当个人处于紧急状况时可通过手持终端报警,其当前位置信息可及时传到后方管理中心。

当个人进入危险区域(缓冲区)时,系统可通过短信或电话方式告知。

个人手持终端采集的照片,也可通过时间戳与手持终端记录的位置信息相关联,实现现场采集的照片(缺陷、进度形象等)挂接入系统。

6. 施工区内设备轨迹分析

通过对渣车、罐车实施定位与轨迹分析,实时掌控弃渣与混凝土供应情况。通过某些重要设备的定位分析,掌握施工进度与施工组织情况,实现施工资源的合理调配。通过在系统中划定不同设备的电子围栏(范围),若在非工作时间设备超出范围,则向系统报警,防止重要设备被偷盗。在车载定位终端中实现车辆的定位导航。

7.4.2 人员、设备属性信息需求

通过汇集多方意见,结合系统应用需求,形成人员、设备信息属性表。属性表反映了现场管理中人员、设备的重要信息。职称、岗位工种、工作部位等信息由筹备组统一制定,在系统录入过程中通过下拉菜单(图 7-11)选择。

1. 人员基本信息

人员基本信息包括"单位""姓名""身份证号""入场安全培训日期""职业培训证""特殊工种证""职称或工级"等字段,人员基本信息可引用建筑市场管理信息系统人员表。

"单位"采用"施工单位-部门(协作队伍)"格式,例如"葛洲坝施工局-施工管理部""葛洲

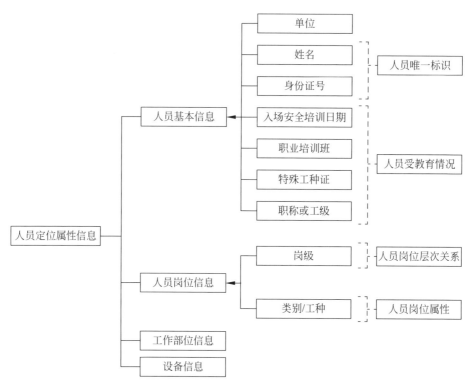

图 7-11 人员定位属性表设计

坝施工局-重庆云晟"。

"姓名""身份证号"构成人员的唯一标识。

"入场安全培训日期"若有日期则表示培训,若无日期则表示未经培训。

"职业培训证""特殊工种证"采用"证书名-证书编号"格式,例如"安全资格证-水建安 C（2012）0011105""爆破员-5301000100424"。

2. 人员岗位信息

"岗级"与"类别"共同构成人员岗位（工种）信息。

"类别/工种"标识岗位的性质,在系统中应统一制定,通过下拉菜单选择。

"类别表"标识监理单位、施工单位的生产、质量、安全等管理性岗位（表 7-1）。

表 7-1 类别表

序号	类别/工种	备注
3.1	总监工程师	监理单位
3.2	监理工程师	
3.3	安全监理工程师	
3.4	监理员	
3.5	其他	

续表

序号	类别/工种	备注
4.1	综合管理	施工单位及协作队伍
4.2	合同管理	
4.3	生产管理	
4.4	质量管理	
4.5	安全管理	
4.6	环保管理	
4.7	施工员	
4.8	安全员	
4.9	质量员(三检)	
4.10	质量员(二检)	
4.11	质量员(一检)	

"工种表"在《水利水电工程施工作业人员安全技术操作规程》的基础上,结合乌东德工程实际情况有所增加,比如乌东德工程共分为以下12类工种类别、74种作业类,基本涵盖作业级的所有工种类别(表7-2)。

表7-2 工种表

序号	类别/工种	备注	序号	类别/工种	备注
5.1	0100 普工	作业人员(其他工种)	5.23	0405 拖拉机驾驶员	作业人员(土石方工种)
5.2	0201 空压机工	作业人员(供风、供水、用电工种)	5.24	0406 振动碾驾驶员	
5.3	0202 司炉工		5.25	0407 潜孔钻驾驶员	
5.4	0203 冷冻机工		5.26	0408 凿岩台车工	
5.5	0204 水泵工		5.27	0409 风钻工	
5.6	0205 电工		5.28	0410 爆破工	
5.7	0301 门座式起重机驾驶员	作业人员(起重、运输工种)	5.29	0411 撬挖工	
5.8	0302 塔式起重机驾驶员		5.30	0412 锻钎工	
5.9	0303 桥式起重机工		5.31	0501 地下连续墙工	作业人员(砂石料工种)
5.10	0304 缆索起重机驾驶员		5.32	0502 钻探灌浆工	
5.11	0305 轮胎式起重机驾驶员		5.33	0601 破碎机工	作业人员(地基与基础工程工种)
5.12	0306 履带式起重机工		5.34	0602 筛分机工	
5.13	0307 汽车驾驶员		5.35	0701 支模工	作业人员(混凝土工种)
5.14	0308 电瓶机车驾驶员		5.36	0702 钢筋工	
5.15	0309 卷扬机工		5.37	0703 混凝土工	
5.16	0310 皮带机工		5.38	0704 混凝土泵工	
5.17	0311 起重工		5.39	0705 拌和楼运转工	
5.18	0312 出渣车驾驶员		5.40	0706 塔带机运转工	
5.19	0401 推土机驾驶员	作业人员(土石方工种)	5.41	0707 混凝土喷射工	
5.20	0402 挖掘机驾驶员		5.42	0708 沥青工	
5.21	0403 铲运机驾驶员		5.43	0709 罐车驾驶员	
5.22	0404 装载机驾驶员				

续表

序号	类别/工种	备注	序号	类别/工种	备注
5.44	0801 电焊工	作业人员（金结工种）	5.60	1101 汽车修理工	作业人员（辅助工种）
5.45	0802 金属结构安装工		5.61	1102 木工	
5.46	0803 水轮机安装工		5.62	1103 架子工	
5.47	0804 调速机安装工		5.63	1104 油漆工	
5.48	0805 卷线安装工		5.64	1105 钳工	
5.49	0806 电器安装工		5.65	1106 车工	
5.50	0807 管路安装工		5.66	1107 刨工	
5.51	0808 热处理工		5.67	1108 铣工	
5.52	0809 金属防腐工		5.68	1109 潜水工	
5.53	0901 测量工	作业人员（测量工种）	5.69	1110 石工	
5.54	1001 金属材料试验工	作业人员（试验工种）	5.70	1201 多臂钻工	作业人员（支护工种）
5.55	1002 混凝土材料试验工		5.71	1202 钻工	
5.56	1003 电器试验工		5.72	1203 插杆注浆工	
5.57	1004 化验工		5.73	1204 锚索工	
5.58	1005 无损探伤工		5.74	1205 锚索下锁张拉工	
5.59	1006 施工机械修理工				

3. 工作部位信息

"工作部位"参照项目划分中关于分部工程的定义，可根据工程实际有所修改，建议系统中的工作部位信息应含变更信息，如张三 2014.3.15 之后的工作部位由"右岸电站 4♯ 支洞"变更为"右岸电站 7♯ 支洞"，系统应有此变更记录。

表 7-3 为试点区域（右岸地下厂房、左岸导流洞、右岸导流洞进出口）的工作部位划分。

表 7-3 工作部位表

序号	工 作 部 位	备 注
1.1	全工区	非试点区域的其他区域
2.1	右岸电站（不限）	试点 1：右岸地下厂房
2.2	右岸电站主厂房	
2.3	右岸电站主变洞	
2.4	右岸电站母线洞	
2.5	右岸电站尾调室	
2.6	右岸电站引水洞	
2.7	右岸电站尾水洞	
2.8	右岸电站 6♯ 施工支洞	
2.9	右岸电站 7♯ 施工支洞	
3.1	左岸导流洞（不限）	试点 2：左岸导流洞
3.2	左岸导流洞 1♯ 洞身	
3.3	左岸导流洞 2♯ 洞身	
3.4	右岸导流洞（不限）	试点 3：右岸导流洞进出口
3.5	右岸导流洞进口	
3.6	右岸导流洞出口	

4. 设备信息

设备定位所需的属性字段包括"所属单位""设备种类（名称）""设备号""工作部位"，可满足设备基本的管理需求。由于各单位设备种类繁多，且设备管理需求尚未明确，因此"设备种类（名称）"未作统一。建议在系统应用实施过程中，根据具体管理需求逐步统一。

7.4.3 定位精度与隐私处理

1. 定位精度与需求

在水电工程中，需要通过与各施工单位广泛讨论，汇集多方意见，并结合现场实际情况，确定人员及设备的定位精度。

水电工程，特别是大型工程，洞室群多，安全风险高，洞内定位精度的设定至关重要。由于洞内施工资源和人员主要集中在"掌子面"30~50m范围内，且考虑到受现场施工环境的影响（爆破、供电等），目前实际工程中，一般建议人员及设备在洞内的定位可精确到"工作面"尺度，即洞内精度达20m便可满足定位需求。另外，对于排水廊道、灌浆平洞等管理薄弱部位，建议在其关键部位（洞口、交叉口等）有信号覆盖，对各类人员的进出情况（频次、时长）进行记录。

关于洞外定位精度，由于洞外环境开阔，GPS、3G信号覆盖良好，且受施工影响小，因此建议洞外施工作业人员的定位精度在1~3m，可满足应用需求。

2. 隐私问题处理

定位技术的应用带来了管理的透明和精细，但同时也带来了隐私处理的问题。对于可能引起的隐私问题，乌东德工程建议可分区、分时段、分管理层级，设置不同的定位精度解决。

分区指可将乌东德工程划分为不同层次区域（如营地区、施工区、关键作业面等），由粗到细分设不同的定位精度，当人员进入到区域后，系统才记录位置信息与轨迹。

分时段指可对人员划定不同的时段，在其工作时段才记录位置信息与轨迹。

分管理层级是按照岗位层级设置不同的定位精度，领导层的定位精度可粗略，作业级的定位精度可细致。

关于精度的处理措施，可对位置信息的模糊处理，或通过设置定位信息的采集频率实现（如每分钟采集一次，则定位精度高；每小时采集一次，则定位精度低）。

参考文献

BURLINGAME S E. 2004. Application of infrared imaging to fresh concrete: monitoring internal vibration [M]. New York: Cornell University, May.

CHOQUET P, TAYLOR R M. 2017. Combining Automatic Monitoring of Grouting Performance Parameters and Geotechnical Instrumentation for Risk Reduction in Complex Grouting Projects[M]// Grouting 2017: 323-335.

LI X, ZHONG D, REN B, et al., 2019. Prediction of curtain grouting efficiency based on ANFIS[J]. Bulletin of Engineering Geology and the Environment, 78(1): 281-309.

TAYLOR R M, CHOQUET P. 2012. Automatic monitoring of grouting performance parameters[M]// Grouting and Deep Mixing 2012: 1494-1505.

TIAN Z, SUN X, SU W, et al., 2019. Development of real-time visual monitoring system for vibration effects on fresh concrete[J]. Automation in Construction, 98: 61-71.

ZHANG Q, LIU T, ZHANG Z, et al., 2019. Unmanned rolling compaction system for rockfill materials[J]. Automation in Construction, 100: 103-117.

陈祖煜, 赵宇飞, 邹斌, 等. 2019. 大坝填筑碾压施工无人驾驶技术的研究与应用[J]. 水利水电技术, 50(8): 1-8.

樊启祥, 黄灿新, 蒋小春, 等. 2019. 水电工程水泥灌浆智能控制方法与系统[J]. 水利学报, 50(2): 165-174.

樊启祥, 汪志林, 林鹏, 等. 2019. 混凝土坝实时温度采集技术规范[S]. 中国长江三峡集团有限公司企业标准, Q/CTG 257—2019.

樊启祥, 汪志林, 林鹏, 等. 2019. 混凝土坝智能通水温控技术规范[S]. 中国长江三峡集团有限公司企业标准, Q/CTG 258—2019.

樊启祥, 张超然, 洪文浩, 等. 2018. 特高拱坝智能化建设技术创新和实践: 300m级溪洛渡拱坝智能化建设[M]. 北京: 清华大学出版社.

樊启祥, 周绍武, 林鹏, 等. 2016. 大型水利水电工程施工智能控制成套技术及应用[J]. 水利学报, 47(7): 916-923+933.

郭亮, 康伦恺, 余仁勇, 等. 2014. ARM平台灌浆智能报警装置设计[J]. 长江科学院院报, 31(8): 103-105.

黄建文, 毛宇辰, 王东, 等. 2019. 基于BIM的碾压混凝土坝施工进度-成本联合管控[J]. 水利水电科技进展, 39(5), 66-72, 88.

李松辉, 张国新, 刘毅, 等. 2018. 大体积混凝土防裂智能监控技术及工程应用[J]. 中国水利水电科学研究院学报, 16(1): 9-15.

李文强, 曹望龙. 2020. 高坪桥水库混凝土面板施工及质量控制[J]. 水利水电施工, 1: 3.

李小帅, 张乐. 2017. 乌东德水电站枢纽工程BIM设计与应用[J]. 土木建筑工程信息技术, (1): 7-13.

廖哲男, 魏巍, 赵亮, 等. 2016. 大体积混凝土BIM智能温控系统的研究与应用[J]. 土木建筑与环境工程.

林鹏, 李庆斌, 周绍武, 等. 2013. 大体积混凝土通水冷却智能温度控制方法与系统[J]. 水利学报, 44(8): 950-957.

林鹏, 王英龙, 汪志林, 等. 2017. 基于微信的大型水电工程安全隐患排查治理系统研发与应用[J]. 中国安全生产科学技术, 13(7): 137-143.

罗熠. 2010. 灌浆记录仪发展状况和趋势[J]. 中国水利, (21): 60-62, 23.

马洪琪, 钟登华, 张宗亮, 等. 2011. 重大水利水电工程施工实时控制关键技术及其工程应用[J]. 中国工程科学, 13(12): 20-27.

孟永东, 苏情明, 张贵金, 等. 2015. 托口电站河湾地块帷幕灌浆效果可视化分析与评价[J]. 三峡大学学报（自然科学版）, 37(1): 6-10.

彭兴东. 2010. 基于BIM技术的桥梁工程建模方法研究[D]. 石家庄: 石家庄铁道大学.

钱睿. 2015. 基于BIM的三维地质建模[D]. 北京: 中国地质大学（北京）.

魏立巍, 秦英译, 唐新建, 等. 2007. 数字钻孔摄像在小浪底帷幕灌浆检测孔中的应用[J]. 岩土力学, (4): 843-848.

夏可风, 龙达云. 1994. 灌浆自动记录仪和灌浆施工自动化[J]. 水力发电, (3): 24-25, 20, 63.

闫福根, 缪正建, 李明超, 等. 2012. 基于三维地质模型的坝基灌浆工程可视化分析[J]. 岩土工程学报,

34(3):567-572.

闫福根,钟登华,任炳昱,等.2014.基于B/S结构的三维交互式灌浆可视化系统的研制及应用[J].水利水电技术,45(11):66-69.

杨宁,李静,周绍武,等.2018.高拱坝混凝土振捣智能控制技术研究与应用[J].中国农村水利水电,430(8):181-183,190.

张庆龙,刘天云,李庆斌,等.2018.基于闭环反馈控制和RTK-GPS的自动碾压系统[J].水力发电学报,37(5):151-160.

钟登华,王飞,吴斌平,等.2015.从数字大坝到智慧大坝[J].水力发电学报,34(10):1-13.

朱伯芳.2008.混凝土坝的数字监控[J].水利水电技术,39(2):15-18.

第 8 章

BIM项目管理工具研发实例

开展 BIM 基础性研究,以业主项目管理工作为主导,整合 2D、3D 设计资源,研发基于 BIM 模型的项目全生命周期管理工具,对于提高项目管理效率和增加项目效益至关重要。本章针对乌东德水电工程特点和建设管理要求,构建了包括 BIM 应用的技术架构、系统功能规划等的总体设计,并提出了研发思路。为了检验工具的适用性,以乌东德水电工程对外交通项目的洪门渡大桥和红梁子大桥作为示范项目,洪门渡大桥为研发阶段试验项目,红梁子大桥为使用阶段试验平台。

8.1 依托工程简介

乌东德水电站位于云南昆明市禄劝县和四川凉山州会东县交界的金沙江下游河段,是金沙江下游河段四个水电梯级——乌东德、白鹤滩、溪洛渡和向家坝中的最上游梯级(图 8-1)。坝址上游距观音岩水电站约 253km,下距白鹤滩水电站 182.5km。

工程开发任务以发电为主,兼顾防洪、航运和促进地方经济社会发展,总装机容量 1.02×10^7 kW,年发电量 3.891×10^{10} kW·h,发电规模中国第四、世界第七(图 8-2)。

乌东德水电站是我国在全面建成小康社会决胜阶段开工建设的首座千万千瓦级水电工程,是我国实施"西电东送"战略的骨干电源,也是我国"十三五"期间的重大支撑和标志性工程,对促进国家能源结构调整和节能减排,进一步巩固我国水电在世界水电领域的领先地位,都具有重大而深远的意义。工程建设期间平均每年可新增就业人数约 7 万人,极大改善工程周边地区的交通运输条件。建成发电后,每年可增加地方财政收入约 13.5 亿元,并可促进地方社会经济可持续发展和移民脱贫致富。

工程采用堤坝式开发,水库正常蓄水位 975m,总库容 7.408×10^9 m³,防洪限制水位 952m,相应库容 2.44×10^9 m³,死水位 945m,具有季调节性能。工程枢纽由挡水建筑物、泄

8.1 依托工程简介

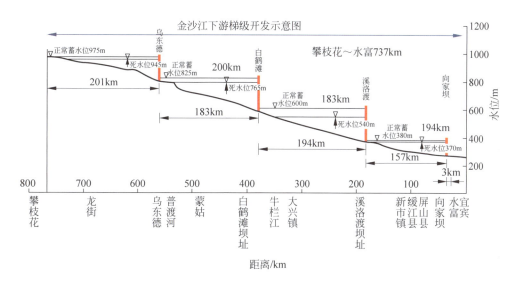

图 8-1 金沙江流域梯级开发示意图

图 8-2 乌东德电站建成发电

水建筑物和引水发电系统等组成。挡水建筑物为混凝土双曲拱坝,最大坝高 270m。泄水建筑物由表孔、中孔、泄洪洞、水垫塘、二道坝等组成。引水发电系统采用岸边引水式地下厂房,左右岸各布置 6 台 8.5×10^4 kW 发电机组。整体枢纽布置图见图 8-3。

2015 年 12 月电站主体工程经国务院核准开工建设,按照总进度目标规划,计划 2019 年 10 月导流洞下闸,2020 年 7 月水库开始蓄水,2020 年 8 月首批机组发电(图 8-4),2021 年 12 月全部机组投产发电。按 2015 年 3 季度价格水平计算,工程静态投资 777.65 亿元,总投资 976.57 亿元。

洪门渡大桥(图 8-5)是乌东德水电工程的重要组成部分,是工程对外交通的枢纽。洪门渡是中国工农红军长征时巧渡金沙江的三个主要渡口之一,上距皎平渡只有 27km,当年

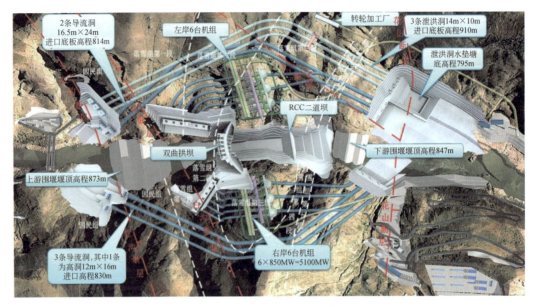

图 8-3　乌东德水电工程枢纽布置图

图 8-4　乌东德水电站首批机组发电

红军渡江依靠小型木船摆渡,一直到乌东德水电站工程开工建设,当地人民群众依然靠木船沟通两岸交通,为了方便当地人民群众生产生活,促进地方经济发展,在工程建设规划中,将洪门渡大桥列为对外交通工程的重点项目。洪门渡大桥全长 522m,设计桥型为(135+240+135)m 连续刚构,全宽 12m,是金沙江上跨度最大的连续刚构混凝土箱梁大桥。洪门渡大桥左岸顺接左岸高线过坝道路,大桥右岸顺接右岸连接公路。洪门渡大桥施工包括桥梁基础工程、边坡工程、桥梁上部结构建筑安装工程(含照明等设备预埋件)、弃渣

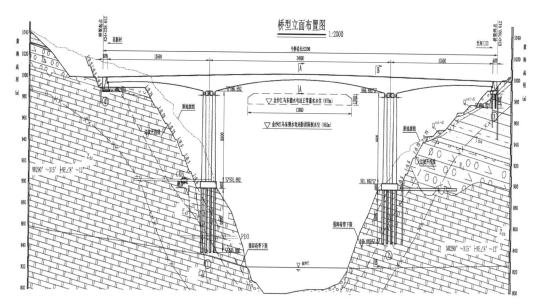

图 8-5 洪门渡大桥立面布置图

场防护工程、地质探洞回填工程、交通等工程。

工程建设开始以后,随着乌东德工程"精品、创新、绿色、民生、廉洁"五大工程建设目标的提出,开始策划工程建设管理的科技创新,在溪洛渡大坝智能化建设的基础上,形成乌东德智能建造的理念,乌东德水电工程 BIM 的研发逐步走上正确的轨道。综合考虑 BIM 管理工具研发的各方面条件,同时协调研发和工程建设的进度计划,将洪门渡大桥作为 BIM 管理工具研发的试验项目。BIM 试验主要为桥梁主体工程,其主梁采用预应力混凝土变截面箱梁、主墩采用变截面钢筋混凝土空心薄壁结构。桥梁工程按结构部位主要分为:主桥桥台、主墩桩基、承台、墩身、主桥连续刚构箱梁、桥面铺装、支座、伸缩缝及附属结构。

8.2 研发思路

8.2.1 概念设计

利用 BIM 系统实现施工、监理的全过程管理,是提高工程建设效率和建设质量,实现项目的进度、质量、安全控制,降低施工风险,加强建设过程信息化综合管理水平,促进精细化管理的重要途径。

由第 3 章关于 BIM 介绍分析可知,BIM 是一个面向工程项目全生命周期的,以 3D 可视化技术为载体的,创新、协调、绿色、开放、共享的工程管理工作平台。在这个平台上工程建设的参建各方能够实时了解工程进展的现状,能够对工程下阶段工作情况进行分析预测并及时下达相应的管理指令,将任务逐层分解,以实现目标明确,责任到人,提高管理效率,实现大型水电工程项目的安全、质量、进度、费用、文明施工全生命周期的管理，也就是实现项目各阶段活动的计划、组织、指挥、控制、协调。始终将项目进度绩效和费用绩效作为项目管理的核心，不断推进项目达成预期目标。

BIM项目管理工具首先是一个信息系统，对项目活动的各类信息进行采集、整理、分析、储存、发布。在现代计算机技术和互联网技术条件下，信息管理将使用一些全新的技术，并使用大数据技术进行分析，采集、传输和储存。BIM项目管理工具也是一个指挥系统，通过客户端、网络端、各种智能移动端（如手机、iPad、智能手表等）将项目的计划传达到具体的责任人执行。BIM项目管理工具也是一个控制系统，利用系统内置的一系列算法分析项目信息数据，对项目的状态进行评价，对将来的趋势进行预测，为项目管理的高层提供决策的科学、准确、实时的数据支持。BIM项目管理工具更是一个培训系统、档案辅助系统。

8.2.2　BIM 3D数据模型

3D建模是建筑物的物理模型，可以对已有2D、3D资料进行整理和矢量化，在3D设计软件环境下完成3D建模，常用的3D设计软件有CATIA/AutoCAD/MicroStation等。在这一层次，BIM中的M(model)是一个静态的概念，强调的是3D设计成果的准确性。与传统的三视图相比，建筑物的形态表现更加直接，便于使用者快速形成建筑物的整体印象，具有强烈的示意特性。思维过程是从整体到局部，先有建筑物的整体形态，再深入到具体尺寸等细节，这已经发生了较大变化。3D模型只有建筑物形象，数据只包含几何尺寸等简单信息，大量的属性信息无法直观呈现。因此，需建立3D几何模型与属性数据库之间的关联关系，形成BIM模型；BIM的数据支撑是工程数据库。BIM具有数据量大、数据类型复杂、数据关联多等特点，需要关系数据库(TGPMS)与研究对象数据模型的映射关系，建立基于多维数据结构的工程数据库，实现建筑生命期复杂信息的海量存储、数据管理、高效查询和传输（张建平，2008）。

BIM模型建立后，它在管理中发挥作用极为关键，否则就失去BIM开发的意义。BIM作用发挥的程度一般基于管理者需求，同时也需要管理团队在项目范围内建立BIM生长的良好生态，即项目范围具有良好的信息技术思维方式和行为规范。在BIM 3D平台上进行二次开发，使BIM功能充分发挥，满足管理者的需求，完成各种管理任务。BIM的管理支撑是数据集成平台。BIM是一个面向建筑生命期的完整工程数据集，它具有单一工程数据源，随着工程进展不断扩展、集成数据，最终形成完整的信息模型（张建平，2008）。

乌东德水电工程中BIM技术的应用主要侧重于BIM技术在工程施工中的研究，综合比较国内外多种BIM软件的优缺点及适用性，最终在进行3D几何模型创建时，选择达索公司的CATIA V5软件来进行建模和分析处理工作。建模工作的核心是要根据管理目标设定标准，并具有可扩展性。为了BIM从开发开始就贴近"实战"，选择乌东德水电工程洪门渡大桥作为示范,首先将大桥的结构部分进行 3D 建模,建模时要求达到派工的精度。

8.2.3 "BIM 学院"

英国 Crossrail(建管单位)和美国 Bentley(BIM 软件商)主导成立了 Crossrail"BIM 学院",吸纳了整个工程供应链及高校等百余个组织共 2000 余人。"BIM 学院"通过专题研究及培训,致力于提升整个供应链的知识水平,并应用 BIM 技术驱动建筑业革命,这种提升带来的知识和经验可以为其他基础设施项目做样板性的借鉴。

由于对 BIM 3D 概念的理解是一个渐进的过程,新概念引进时大家的理解和认识往往深度不够。在开展 BIM 建设的各项作业中,"BIM 学院"模式得到了较好的应用,借鉴 Crossrail 经验,建设部率先在乌东德水电工程施工区开展了"BIM 学院"工作,包括请信息中心介绍"英俄 BIM 考察成果",组织来访专家学者进行 BIM 讲座,与业内同行开展专题调研和成果学习,以及现场各单位各级人员一起头脑风暴式的发散讨论等方式,不断加深对 BIM 概念的理解和认识。在"BIM 学院"模式下,一方面有管理者(中层以上领导)的丰富项目管理经验会被更好地学习和传承,而另一方面,关于 BIM 的新技术与知识的信息传播流向也发生反向作用,即青年员工、信息技术人员可以反过来对各级管理者进行 BIM 知识信息的传播,实现 BIM 知识的更新与迭代(图 8-6)。

以此为基础,乌东德水电工程建设部还选择固定办公场所打造 BIM"作战室"。"作战室"概念在国外的项目管理经典课程里非常推崇,自美国军方引进来的,如参谋长联席会议,大家碰到问题时一定要集中在一起进行及时的讨论沟通,尽快达成一致,做出正确的决策。到"作战室"集中的目的是最大限度地减少在多人、多通道、多维度的沟通过程中的信息丢失、信息失真和时间损失。利用各种组织形式,以 BIM 可视化技术为工具,达成各方协同。

图 8-6 "BIM 学院"知识迭代模型

8.2.4 软件选型及工作步骤

BIM 在全生命周期的应用需要 3D 平台的支撑,Crossrail 及 NIEAP 公司分别选用了 Bentley、达索系列产品作为其实现全生命周期管理的工具,并在此基础上开展了卓有成效的工作。三峡集团公司在 2013 年开展了对达索和 Bentley 产品的功能验证工作,通过该专项工作较为全面地了解了产品构成、软件功能及主要特点等。在开展前一阶段的调研考察、3D 建模实践的同时也加深了大家对产品应用的认识。建立在以上扎实工作的基础上,建设部选用达索系列产品(CATIA、ENOVIA)打造建设板块自有可视化的水电工程全生命周期管理平台,服务三峡集团公司水电工程的建设、运营管理。

1. 达索公司 CATIA V6

3D 模型是 BIM 项目实施的基础,在施工阶段也需根据设计图纸和现场实际对模型进行更新,因此建议采购 3D 建模软件及其模块。

该 3D 建模软件是达索公司的最新版本,适用于土建、机电等大型工程的模型创建,且更强调协同设计,在最近的版本中更会新增 3D 配筋功能。

2. 达索公司 ENOVIA 的功能模块

达索公司 ENOVIA 是 BIM 3D 可视化协同数据管理平台,可实现跨企业、跨业务领域、跨系统、跨数据库的数据交互协同。其技术特点包括:①ENOVIA 提供标准接口可集成常用 3D 设计 CAD,支持达索 CATIA 3D 模型、Autodesk Revit 3D 模型、Bentley Microstation 3D 模型;②ENOVIA 提供进度计划、进度管理、质量管理、安全管理、风险管理、成本管理等功能,拓展性强;③ENOVIA 可集成进度计划软件,如 P6、Microsoft Project,ENOVIA 与 P6 的集成功能非常成熟,且有成熟案例。

选用达索公司 ENOVIA 平台,其功能强大,3D 分析能力强,应用涵盖全生命周期管理,覆盖项目管理、施工仿真等关键领域,利用其开发河门口大桥 BIM 系统平台具有一定优势。通过调研、方案制定、3D 建模、开发平台选择、编码体系建立、业务流程梳理、系统功能开发、系统实施与应用、阶段性总结几个步骤实现了 BIM 技术在乌东德水电工程中的应用,具体研发步骤及解释如下。

(1) 调研:明确目标、技术准备;

(2) 方案制定:梳理思路、工作分解;

(3) 3D 建模:为 BIM 应用打好数据基础;

(4) 开发平台选择:选择合适的、性能强的、可扩展的开发平台;

(5) 编码体系建立:建立模型与数据库的映射和关联关系;

(6) 业务流程梳理:把杂乱的数据整理出规范的信息,完成"BIM 模型数据+属性"的基础数据库准备;以结构化的 BIM 模型+工作分解结构为核心,形成 BIM 数据的应用流程;

(7) 系统功能开发:梳理重点发现,准备系统原型,现场开发,快速迭代开发;

(8) 系统实施与应用:用户反馈,效果梳理,总结经验,持续改进;

(9) 阶段性总结:项目推广。

8.3 乌东德 BIM 管理工具

乌东德 BIM 管理工具以工程信息的高度集成共享为目标,为建设方、施工、监理、设计、第三方咨询等参建单位提供基于 BIM 技术的资源共享、高效协作的专业解决方案。它是一个创新、协调、绿色、开放、共享的工程管理工作平台。在此平台工具上工程建设的参建各方能够实时了解工程进展的现状,能够对工程下阶段工作情况进行分析预测并及时下达相应的管理指令,将任务逐层分解。实现了目标明确、责任到人、提高管理效率,实现工程项目管理的"五大过程"。

平台实现了进度管理的施工数据全过程采集,集成三峡工程管理系统(TGPMS)、施工管理 App 系统、定位系统、安全监测系统等,动态反映施工过程工作状态、质量状态、安全状态、成本状态、资源状态。通过本项目建设,积累 BIM 相关技术与项目经验,形成 BIM 技术团队。

依据本书 4.2 章节的 BIM 水电工程项目管理功能要求以及工程实际特点,开发了相应的管理工具。乌东德 BIM 管理工具具有虚拟漫游功能、查看构件属性功能、查看相关文档功能、查看相关事件功能、查看进度信息功能、创建任务功能、隐藏/显示构件功能、孤立显示功能、形象进度功能、视点功能、测点统计功能、监测项目功能、监控与虚拟融合功能、进度管理功能、工序步骤功能、资源配置功能、关联文档功能、施工模拟功能、进度统计分析功能、质量管理功能、成本管理功能、工程字典功能、施工日志功能等。下面具体介绍工具的主要交互界面和管理功能操作和应用。

8.3.1 工具交互界面

为满足不同应用环境和目的的需求,乌东德 BIM 管理工具分四种界面交互方式(图 8-7),分别为 PC 端、网络端、移动端(App)、VR 端,各用户端的界面存在明显的区别,各用户界面设置原则如下。

图 8-7 BIM 系统多端交互方式

(1) PC 端:全面、准确,便于复杂的 3D 大场景呈现、数据分析处理、仿真等;

(2) 网络端:简洁、实用、易部署,便于功能运用、信息填报;

(3) App(移动端):简便、快捷,便于数据采集、录入;

(4) VR(虚拟现实端):真实、直观,便于场景重现、培训、全面感知。

8.3.2 BIM 工具动态模型管理功能

动态模型模块主要服务于 BIM 模型和监测信息的查看。该模块上方菜单栏查看楼层可以按照楼层查看 BIM 模型;查看专业加载不同的专业模型;透明度调整改变专业模型显示的透明度;剖面框实现模型全方位的剖切查看;纵向剖切按照模型下的轴网剖切模型;重置返回默认 BIM 模型状态;漫游模式可以在当前模型进行漫游,形象进度可以查看当前工程的形象进度模型;视点可以进行视点设置;模型事件可以查看模型事件记录;天气系统可以查看当地 3 天内的天气状况;如图 8-8 所示。动态模型包括漫游、查看构件属性、查看相关文档、查看相关事件、查看进度信息、创建任务、隐藏/显示构件、孤立显示、形象进度、视点、测点统计、监测项目、远程监控、天气系统等模块。

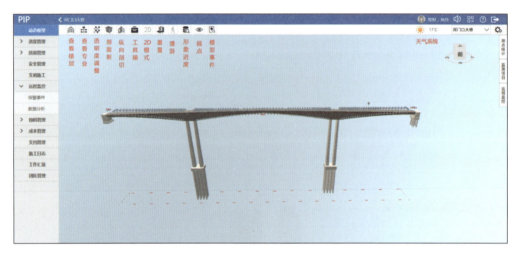

图 8-8　BIM 管理工具模型界面

1. 漫游

当在动态模型中切换到某一楼层时,选中构件右击跳出菜单栏,选择"开始漫游";或者单击上方工具栏"漫游"按钮,可以进行漫游,如图 8-9(a)所示。在漫游模式下,右下角为缩略平面图;单击上方"楼层"按钮可以切换楼层;单击右上角"恢复初始"按钮可以将漫游者恢复到初始状态,单击"帮助信息"按钮可以查看操作帮助,再次单击漫游按钮可以退出漫游模式,单击"参数设置"按钮可以切换移动方式(行走、奔跑)或漫游者性别(男性、女性);如图 8-9(b)所示,使用"W"键控制人物前进,"A"键控制人物左转,"S"键控制人物后退,"D"键控制人物右转;鼠标左右键同时按住拖动为飞行模式。如图 8-9(c)所示,选中构件右键菜单可以实现查看构件属性、查看相关文档、查看进度信息、创建任务、隐藏/显示构件、孤立显示、查看相关事件等多种功能。

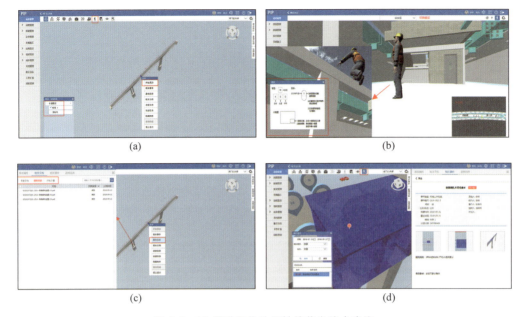

图 8-9 3D 漫游及构件属性等信息综合查询

(a)3D 漫游主界面;(b)漫游视点仿真;(c)构件属性、文档、进度等查询界面;(d)3D 模型事件查询界面

2. 查看构件属性

可以查看该构件的属性和二维码。

3. 查看相关文档

可以查看该构件所绑定的文档,对于已经关联过的文档可以取消关联和打包下载,文档过多时可以在右上方输入关键字查找。

4. 查看进度信息

可以查看该构件所关联的进度信息。进度信息显示该构件所关联的分部分项信息、工序表单资料完整度和"人工""机械""材料"资源使用情况。其中,资源使用情况可按时间进行筛选。

5. 创建任务

选择事件类型(包含安全、质量和文明施工),进入事件详情编辑界面,填写任务标题,选择事件类型、级别、截止时间,若是所选构件已经做了进度计划,则系统会自动填写分部分项内容,在通讯录中选择经办人(必填),督办人和验收人可以一并选好或者由经办人自行设定(为方便选择,系统会自动记录上次所选择的成员),接着填写事件的公开/私密性、情况说明、整改要求,单击"添加"上传最多 8 张图片,单击"添加"上传文档依据,信息填写完之后,单击"创建"完成事件新建操作。

6. 隐藏/显示构件

选中的构件被隐藏,若是想要重新显示被隐藏的构件,可选择其他构件,右键菜单选择

"撤销隐藏",则原本被隐藏的构件就会重新显示。

7. 孤立显示

只显示选中的构件,其他的 BIM 模型会被隐藏。孤立显示的构件若要恢复成全部显示,右击构件弹出菜单栏"全部显示",即可返回到动态模型主界面。

8. 查看相关事件

可以查看所有事件及其所关联的构件位置,并以颜色来区别出事件的进度状态;或者选中构件后,右键菜单选择"相关事件"。进入相关事件界面后,单击某一事件的图标,右侧可弹出该事件的详情,如图 8-9(d)所示。

9. 形象进度

在动态模型界面单击"形象进度"功能键,可以查看当前工程的形象进度模型。可以按照实际开累、本周、本月、上周、上月自定义来进行过滤显示模型。其中,进度状态正常进行的颜色显示为绿色,进度提前的颜色显示为蓝色,进度拖延的颜色显示为红色,进度完成百分比越高透明度越低。也可以按照计划的开累、本周、本月、下周、下月来进行过滤。可以进行挣值分析,查看计划值(PV)、实际成本(AC)和挣值(EV)曲线;其中计划值(PV)显示为蓝色,实际成本(AC)为绿色,挣值(EV)显示为红色(图 8-10(a))。

10. 视点

动态模型界面单击"视点"功能键,可以创建当前视点(图 8-10(b))。

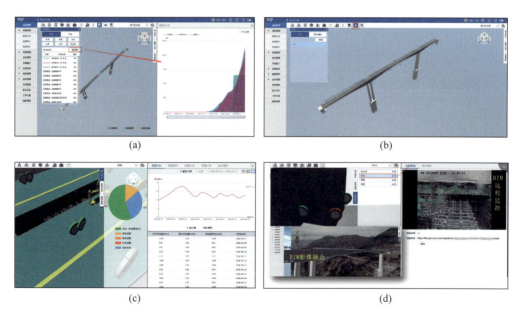

图 8-10 3D 漫游及构件属性等信息综合查询
(a) 挣值图;(b) 视点选择;(c) 测点统计;(d) 远程监控及 BIM 影像融合

11. 测点统计

测点统计弹窗可以查看所有测点预警状态（安全、黄/橙红色预警）饼状图，测点颜色中，红色、橙色、黄色表示该测点有相应级别的系统预警或人工报警，绿色代表正常的测点，蓝色代表未设置的测点。单击某一测点，右侧会弹出该测点最近一段时间的观测记录和曲线图（图 8-10(c)）。

12. 监测项目

监测项目弹窗可以过滤在模型的上测点显示，选中测点分类或者在上方搜索栏输入测点或测组编号。

13. 远程监控

单击"远程监控"弹窗中某一摄像头后面的"查看"按钮，可以观看该摄像头的实时视频，也可以单击"编辑"按钮，输入视频流地址进行观看（图 8-10(d)）。单击远程监控，打开"BIM 影像融合"，可以将 BIM 模型与影像融合显示（图 8-10(d)）。

14. 天气系统

在动态模型模块，右上方天气系统会显示乌东德当天的温度和天气状况，鼠标移入可以查看当天详细天气信息，包含地区、天气、风向、空气质量和 PM2.5 值，以及明后两天的天气状况。

8.3.3 BIM 工具进度管理功能

进度管理模块包含进度计划管理、进度统计两个主要模块，涵盖添加、修改、删除、发布进度计划、工序步骤、资源配置、管理文档、施工模拟、产值、实体、任务以及资源统计等功能。

1. 进度计划管理

计划管理包括添加、修改、删除、发布进度计划功能（图 8-11），登录的成员账号具有在进度控制界面进行制作和修订进度的权限，该成员就可编辑进度计划。单击分部分项表格上方"编制"按钮（第一次制作计划是"编制"按钮，已有进度计划的工程，"编制"按钮将会变成"修订"按钮），进入进度计划制作界面，此时上方会出现一行功能按钮。

单击"插入一级项"按钮，添加第一条分部分项。在下方任务详情界面添加任务的名称、类别（类别下拉框包括"建造、拆除、临时"，默认为建造）、计划开始时间、计划结束时间，选择工序模板和群组。系统会根据开始结束时间自动计算出工期。类型分为一般任务和里程碑，里程碑的工期只有 1 天。选中某一条任务计划，单击"插入同级项"按钮，可以插入一条相同级别的任务计划。选中某一条任务计划，单击"插入子项"按钮，原任务计划变为父项，同样的，在下方任务详情界面填写子项的任务名称、类型、计划开始时间、计划结束时

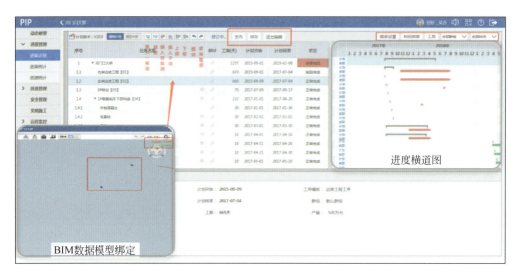

图 8-11 进度计划管理界面

间,选择责任人。父项任务计划的工期和开始、结束时间为所有子项的总和,父项的任务类型将会变成"任务汇总"。父项的产值为其各个子项的产值的总和。

系统每 3 分钟会进行一次自动保存,也可以单击上方"保存"按钮进行保存,以便下次继续编辑。若是有已经做好的进度计划 project 文件,可以直接将做好的进度计划上传平台。单击"工具"选项中的"导入 MS Project"按钮,完成 project 文件导入;"导出 MS Project"可以将在平台上做好的进度计划导出到本地计算机上。若是有已经做好的进度计划 P6 文件,可以导出为 EXCEL 文件,将做好的进度计划上传平台。单击"工具"选项中的"导入 P6 模板"按钮,完成 P6 文件导入。

在进度计划的分部分项编制好之后,可以进行分部分项计划与 BIM 模型的绑定操作。单击"模型关联"按钮,界面左边就会出现 BIM 模型视图。单击分部分项 BIM 选项中的"绑定"按钮,在 BIM 视图界面通过点选(一个个构件选择,若是需要多选构件,按住 Ctrl 键是添加构件,按住 Shift 键是减少构件)和框选(鼠标直接框选需要的构件)两种方式选择分部分项对应的 BIM 构件,单击"确定"完成分部分项与 BIM 模型的绑定操作。绑定构件时,可以先绑定父项再绑定子项,此时子项能绑定的构件只能从父项所绑定的构件范围中选择;也可以先绑定子项再绑定父项,此时父项所绑定的构件为其所有子项的所绑定的构件之和再加上自己所选择的构件。完成 BIM 模型绑定的分部分项会有"小太阳"的图标,单击图标可查看该条分部分项对应的 BIM 模型,再次单击"绑定"按钮可以继续对该条分部分项的 BIM 模型进行修改。在完成分部分项的 BIM 模型的绑定后,单击"发布"按钮,发布进度计划,添加备注信息,版本号随着发布次数逐渐递增;单击"保存"按钮,可以保存此时的操作,便于下次再对进度计划进行编制。

在进度计划界面,单击任务计划表格上方"修订"按钮,可以对原有的任务计划进行一定条件下的修改。相同于制订计划,选中某条任务,在下方任务详情界面,直接进行修改。需注意的是,如该条任务已经开始了工序步骤,则无法修改。

1) 删除进度计划

选中某一条任务,在上方功能条中单击"删除"按钮,可以删除该条任务。同样的,可以对任务进行上移下移操作。若出现误操作,可以单击上方"撤销、取消撤销"按钮。

2) 发布进度计划

编辑任务计划完毕后,单击"发布"按钮,填写备注,提交任务计划。计划版本号会随之变化,且"编辑"按钮变成"修订"按钮,单击可以修改任务计划。进度计划制作完成之后,可以单击"图表设置"按钮查看今日计划和关键路径;单击"时间刻度"按钮可以使得泳道图按照年、月、周三个时间段显示;第一个下拉框是按照群组显示进度计划;第二个下拉框是按照全部、上周、本周、下周、上月、本月和下月对进度进行查看。

进度管理还包括工序步骤、任务资源配置、文档关联、施工模拟等辅助功能(图8-12)。

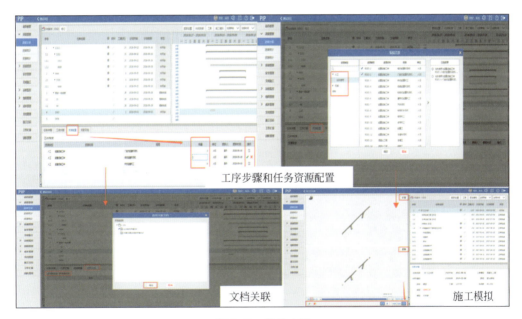

图8-12 辅助功能

1) 工序步骤

手机端对某条进度计划进行了工序表单的处理后,PC端在进度管理模块选择该条进度计划,然后单击下方工序步骤按钮,可以查看该条进度计划的工序步骤,资料完整度、权重和处理状态;单击无关联表单工序后方的"状态"选中框,可以修改工序状态。但有关联表单的工序状态无法修改,默认为未完成,需要完成所有关联表单。单击工序步骤条目,可查看条目挂接的文档资料列表,单击后可查看资料PDF文档。

2) 资源配置

选择某条进度计划、单击下方"资源配置"按钮,可以对该条进度计划进行资源配置。

资源配置好后需要填写用量,最右侧操作栏可以保存或者修改用量。

3）关联文档

选择某条进度计划,单击下方"关联文档"按钮,可以将进度计划和文档进行关联。

4）施工模拟

单击右上角"施工模拟"按钮,跳转到模型/进度分屏界面,查看模拟动画。单击左下角"播放""停止"可以控制播放模拟动画,也可以直接拖动"时间进度"按钮直接播放某一段,或者单击左右"双箭头"按钮来快进快退。单击下方"月""周"按钮可以切换时间刻度,单击"计划""实际"按钮,可以切换播放计划模拟或者实际模拟,单击"对比"按钮,可以同时播放计划模拟和实际模拟。

2. 进度统计

进度统计模块可以查看进度计划的产值统计、完成实体统计、任务统计和资源统计,如图 8-13 所示。

图 8-13 进度统计界面

1）产值统计

在进度统计子模块可以查看产值统计,单击产值配置按钮,在弹出的产值配置弹窗中输入每条任务的对应产值,产值配置好后,会生成一个包含总产值、实际完成产值、计划完成产值和当先状态形成的环形图和按照日期排列的计划产值与实际产值的柱状折线图。

2）完成实体统计

在统计分析模块可以查看完成实体统计。单击右上"类别设置"按钮,添加一个想要统计的类别,然后选择与此类别相关联的族类型,最后单击"提交"按钮。

3) 任务统计

在进度统计模块可以查看任务统计,按照状态统计出进度计划所有正常进度、进度拖延、进度提前、正常完成、提前完成、拖延完成、未开始的数量及其占比,可按时间进行筛选。

4) 资源统计

在资源统计界面可以查看不同时间段的各类人工、材料、机械的计划用量/实际用量资源统计表,如图 8-14 所示。资源统计中,选择按部位统计,可根据分部分项进行筛选过滤,查看总体资源用量表。单击用量表条目可查看各时间范围内的计划及实际资源投入。

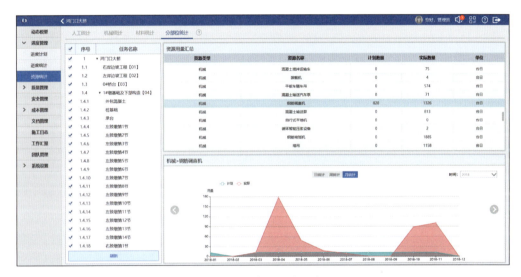

图 8-14 资源统计曲线

8.3.4 质量管理

1. 质量事件

质量管理模块显示了与该账号相关的所有的质量事件,事件发起人和事件责任人可以在该模块对质量事件进行操作。可以通过单击上方按钮来切换"全部事件"和"与我相关"的事件列表。事件列表的左边可以按照事件状态来过滤事件。事件的发起者有权利终止事件。新问题、进行中和已完成情况的事件由红、黄和绿三种颜色直接反映。单击"类型、级别、状态"后面的下箭头可以对事件进行过滤,也可以按照时间的升序或降序排列,或者直接在搜索框输入事件标题进行查找,如图 8-15 所示。

单击某条事件,可以进入事件详情界面。发起人可以对截止时间、经办人、督办人和验收人进行修改(经办人、督办人和验收人若是已经对该事件进行回复,则无法修改),单击"更新"按钮完成事件修改。单击"BIM 视图"可以查看发起事件时的坐标位置;单击"打印"按钮可以将事件详情打印下来。事件责任人在事件回复区可以直接对该条事件进行回复操作,提交审批结果,若是选择提交,则事件自动进入下一个环节,若是选择退回,则事件退

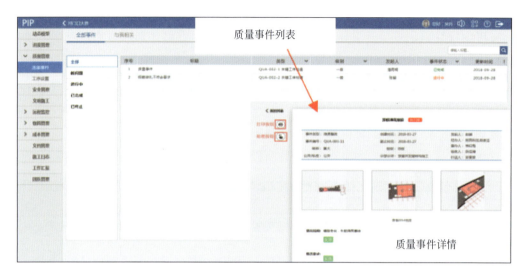

图 8-15　质量事件列表及详情

回给经办人,由其重新对该事件进行处理,单击"图片"按钮可以添加图片作为依据,最后单击"发送"按钮完成事件提交。

2. 工序设置

在质量管理工序设置子模块可以进行工序设置,新建一个工序模板。工序模板建好后,在该条模板下继续添加工序,单击"添加"按钮,输入工序名称,选择关联表单,输入权重,最后单击"确定"按钮即可。

3. 质量验收

质量验收包括验收发起、验收表单填写、表单上传、审核表单几个环节(图 8-16)。在质量验收模块可以新建验收表单,单击左上角"新建验收"按钮,在弹窗选择单元工程和选择表单,选择好后单击"确定"按钮;选择表单后,会出现相应的表单模板,按照实际情况填写,最后单击"提交"按钮,完成表单创建。创建好的表单会出现在首页上,分别有审核中、已完成、已驳回三种流程状态和其他表单信息。单击表单可以查看表单详情,如果是相关处理人账号在左侧工具栏有一个"审核"的按钮,单击进行审核处理,输入审核内容上传图片和附件,在最下方选择通过/驳回,填写完成后单击"提交"按钮完成。

4. 远程监控

远程监控模块具有报警和数据分析的功能,充分利用 BIM 数据信息和 3D 实体展示的优势。

1) 报警事件

在"全部报警事件"列表可以按照事件的不同状态来分别查看事件,在"与我相关"页面下,可以查看与当前登录账号相关的各类事件。

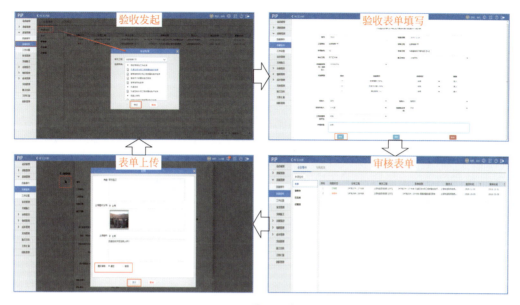

图 8-16 质量验收流程

2）数据分析

在数据分析模块，选择"项目名称"和"当前测点"后，可以查看各个监测项目中各个测点在各个时间段的时程曲线图和断面曲线图。右侧"图表设置"中可以更改图标 x 轴和 y 轴的数显示对象，"基础设置"可以调整标题、图例、横纵轴网格线、显示值标签、节点、平滑曲线及预警线的显示开关，"x 轴设置"和"y 轴设置"中可以更改 x 或 y 轴的位置、最大最小值、刻度。单击右上角"导出"按钮可以将数据或曲线图导出，如图 8-17（a）所示。

单击"断面曲线"可以切换到断面曲线图显示模式，左侧可以选择测点或日期（依据当前选择的是时间曲线图还是断面曲线图），如图 8-17（b）所示。单击图例中的某一项，可以将其隐藏，鼠标悬停在图表上可以查看 x 轴某处的所有信息，如图 8-17（c）所示。

5. 成本管理

成本管理模块包括 BIM 算量、清单管理、BIM 提量管理等，充分发挥了 BIM 实体与信息绑定和数据储存分析的功能。

1）BIM 算量

通过添加算量清单，选择专业，可以在清单列表中单击后方"查看"按钮查看清单详情，单击"导出"按钮可以导出清单。

2）清单管理

通过在清单管理模块（图 8-18）可查看合同清单列表。单击"列表"按钮可查看合同清单详情。单击"新建"按钮可创建合同清单，可下载模板后填写信息直接导入。创建合同需填写合同编号、合同名称、合同类别等必填字段。可手动添加合同清单项、插入同级项、插入子项、上移下移、删除、撤回、重做等操作。也可下载模板、导入 EXCEL 文档批量生成合

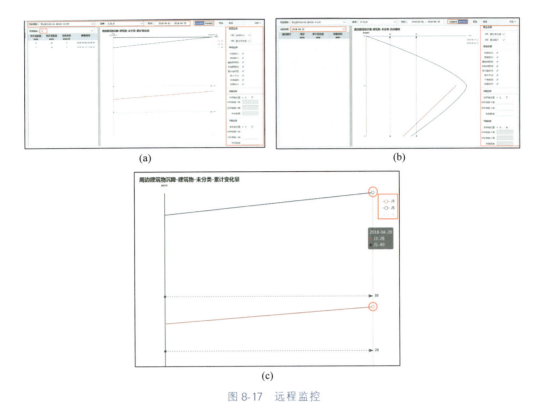

图 8-17　远程监控

(a) 数据分析；(b) 数据分析图形；(c) 图形查询数据

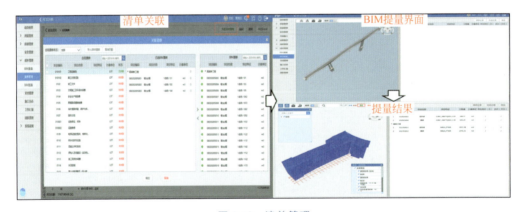

图 8-18　清单管理

同清单项,可导出合同清单项、快捷清空列表。编制完成后可再次编辑合同、删除合同。合同清单编制完成后,可基于合同清单关联 BIM 清单。左侧第一列列表为合同清单,右侧第一列为 BIM 清单。选择合同清单条目后,单击 BIM 清单条目前的"＋"号,可将 BIM 条目与合同清单关联,合同清单与 BIM 清单是一对多的关系。

3) BIM 提量

在 BIM 提量模块,左侧为模型展示区域,右侧为清单列表,单击"开始提量"按钮,进行提量。在左侧模型区域根据专业和楼层进行过滤,然后选择需要提量的构件,单击"确定"

按钮,右侧会生成清单列表。单击"保存记录"按钮可以保存本次提量记录,单击"历史记录"按钮可以查看以前保存的记录,单击"导出"按钮可以导出提量记录。

6. 文档管理

文档管理充分发挥了 BIM 在信息储存和历史信息溯源方面的优势(图 8-19)。

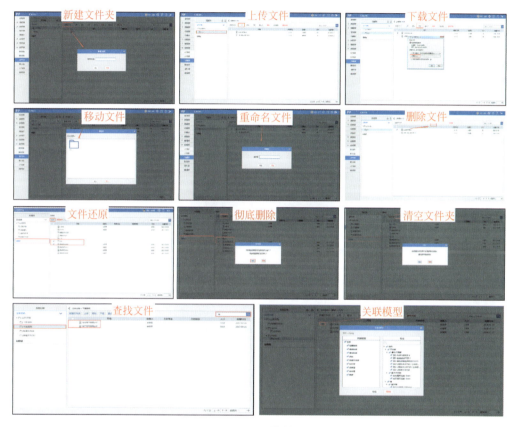

图 8-19　文档管理

文档管理包括新建文件夹、上传文件、下载文件、移动文件、重命名文件、删除文件、文件还原、彻底删除、清空文件夹、查找文件、关联模型等功能。在文档管理界面,单击"新建文件夹"按钮,可以在公共文档下创建新的文件夹。选择左侧文件夹,然后单击"上传"按钮,即可在所选文件夹中上传文件。直接单击文件名或者选中文件,单击"下载"按钮,均可下载文件。

选中需要移动的文件夹或者文件,单击"移动"按钮,可以将文件夹或者文件移动至其他地方。系统支持批量移动。选择某一文件或者文件夹,单击上方"重命名"按钮,可以重新命名。选中某个文件单击"删除"按钮,可以删除该文件。单击"回收站",选中某一文件夹或者文件,单击"还原"按钮,可以还原文件或文件夹。选中回收站中的文件夹或者文件,单击上方"彻底删除"按钮,可以永久删除文件夹或文件。单击"清空"按钮,可以将回收站中所有文件清空并且永久删除。左侧选择文件夹,在右上方搜索栏中输入所搜索的名字,系统会自动过滤出所有标题中包含该关键字的文件。选中某一文档,然后单击关联模型按钮,可以将文档按照楼层和专业与构件进行关联,也可取消关联。

7. 施工日志

1) 施工日志

"新建日志"功能可以按照要求填写日期、天气、气温、风向、风级、施工日志、所需的人料机资源、安全环保记录、材料检验及使用情况、监理单位检查情况、设计变更情况、上级单位检查情况、存在的问题、图片和附件等相关内容后,单击"确定"按钮。在日志列表单击某条日志可以查看详情,也可以进行时间过滤和关键字查找,日志记录人可以对该条日志进行复制并新建、编辑和删除操作,非记录人账号仅可进行复制并新建操作。

2) 施工日志打印

在日志列表选中日志可以进行批量导出,也可进入施工日志详情页中单击导出控件导出,在线预览后可进行下载或打印(图8-20)。

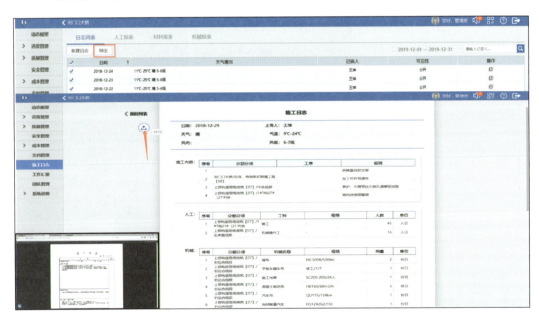

图8-20 施工日志打印

3) 人工报表

在人工报表中可以查看相关的人工报表,单击导出按钮可以将报表导出。

8. 工作汇报

1) 工作汇报列表

在汇报模块,列表上方可以按照"日报、周报、月报、草稿"进行过滤查看(工作汇报模板在企业后台管理的工程字典模块设置),对于该条工作汇报可见性可以设置公开/私密。单击某一条工作汇报,右侧会显示该报表的详细内容。单击右上方"打印"按钮,可以打印该报表。单击蓝色收起按钮,可以收起报表详情界面。单击"导出"按钮可以将此工作汇报导出。

2)搜索工作汇报

在右上方搜索栏中输入所搜索的名字,系统会自动过滤出所有标题中包含该关键字的工作汇报。

3)创建工作汇报

通过工作汇报新建,可以创建工作汇报。在创建汇报界面,添加封面、标题,选择开始时间和结束时间,输入汇报内容,可以进行各种编辑(字体、大小、颜色等),也可以引用、插入图片、插入表格等。可以将其他事件或者报表中的内容或文字直接拖拽到工作汇报中,工作汇报编辑完毕后,单击"提交"按钮,可以将此报表设为公开可见,或者设定为私密(即仅对一部分人可见)。按照"成员、群组或者公司"过滤后,选择相对应的成员,单击"确定"按钮,完成报表创建。在创建报表界面也可以单击"保存"按钮,将此报表保存到草稿箱,以便于后面继续编辑。也可以单击"取消"按钮来放弃本次编辑(图 8-21)。

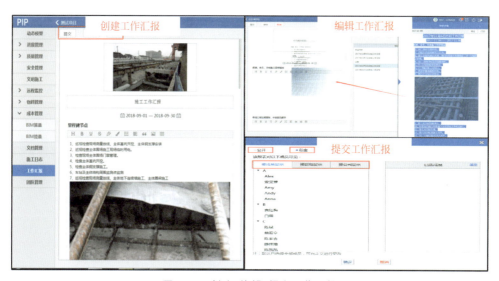

图 8-21 创建、编辑、提交工作汇报

4)编辑报表

对于自己创建的报表,单击右侧"编辑"按钮,可以重新设定该报表的公开性或私密对象,也可以单击报表名称后方的"撤回"按钮将工作汇报移至草稿箱,还可以单击"删除"按钮直接删除。对于自己存放在草稿箱里的报表,单击右侧"编辑"按钮,会进入报表创建界面,可以重新编辑报表。

9. 团队管理

1)团队成员

团队成员界面可以实现对工程内所有成员信息的查看,单击列表中不同的协作公司,就会显示该协作公司参与该工程的所有成员的信息。列表按公司类型进行排序,顺序依次为业主、设计、总包、分包、工程监理、投资监理和供应商。

2) 团队群组

团队群组显示了工程内的群组信息,所有用户都可以查看群组名称以及群组成员,有权限的用户可以编辑群组成员。权限用户单击"添加群组"按钮,在群组列表中输入新增的群组名称,完成群组创建;创建好的群组单击上三角和下三角改变群组列表中的位置,如图 8-22 所示。创建好群组之后,继续添加群组成员,从右侧的项目成员列表中选择需要加入该组的成员,该成员状态变为选中状态,同时添加到群组成员列表中;单击群组成员序号前面的"×"按钮,可以将该成员从群组成员列表中删除,同时右侧成员列表中该成员状态变为未选中状态。

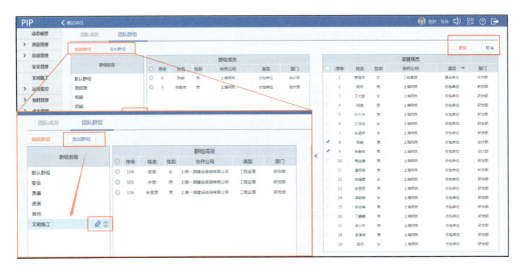

图 8-22　团队群组管理

8.4　乌东德 BIM 工具手机端

8.4.1　硬件配置及功能概述

安卓手机配置要求处理器:性能高于或相当于以下处理器"高通骁龙 820、麒麟 960、E8890、Helio X25",内存:RAM 4GB 及以上。

苹果手机配置要求:ios 版本:8.4 以上,运行内存:2GB 以上,机型:建议 iPhone 6 以上版本的机型。

乌东德 BIM 工具手机 App 主要功能如图 8-23 所示。

① 单击左上角"工程列表"按钮,可以切换工程或进入设置界面。

② 扫一扫功能,可以扫描构件二维码或者物料二维码。

③ 单击右上方"铃铛"按钮,可以进入个人中心。

④ 单击上方事件类别按钮,可以查看所有该类型的事件。

⑤ 单击工程图片,可以查看该工程的BIM模型。

⑥ 单击进度统计模块,可以查看该工程的产值统计、形象进度统计和任务状态统计。

⑦ 单击监测模块,可以查看所有监测项目的统计(累计最大值、累计最小值、变化速率最大值)。

⑧ 下方事件列表会按时间显示最新事件,单击可以查看详情或者对该事件进行处理回复。

⑨ 单击下方文档按钮,可以查看该工程的所有文档资料,并且可以将文档下载在本地进行阅读。

⑩ 单击下方"＋"按钮,可以快速发起事件。

⑪ 单击统计按钮,进入到工程统计模块。

⑫ 单击下方"成员"按钮,可以查看成员列表。

图 8-23　手机端功能界面

8.4.2　BIM 管理功能

1. 工序表单处理

1）新建表单流程

(1) 在首页选择"质量验收";

(2) 在质量验收界面可以看到全部表单,然后单击右上角"＋"号;

(3) 选择单元工程和工序,确认后,单击该表单下方的"＋"号继续新建表单;

(4) 根据实际情况填写表单上的必填项;

(5) 单击"提交"按钮,完成表单创建。

2）表单审核

表单新建后,规定的审核人可以在质量验收待处理界面看到该条表单,待审核人通过后该条表单到已处理界面状态显示已完成,如图 8-24 所示。

2. 模型

模型查看见图 8-25。单击上方视图名称可以切换主视图;左侧"专业""楼层"按钮可以进行过滤;"监测"按钮可以查看测点和报警信息;"监控"按钮查看监控和 BIM 影像融合;"工具"按钮切换钢筋模型、设置、测量、剖切;单击可以选中构件,选中后可以隐藏、孤立、发起事件;单指拖动可以旋转模型(转动骰子也可以实现旋转模型),双指拖动可以平移模型;单击左下角"视点"按钮可以进行视点设置。单击右上角形象进度按钮,可以按照实际的开

第 8 章 BIM 项目管理工具研发实例

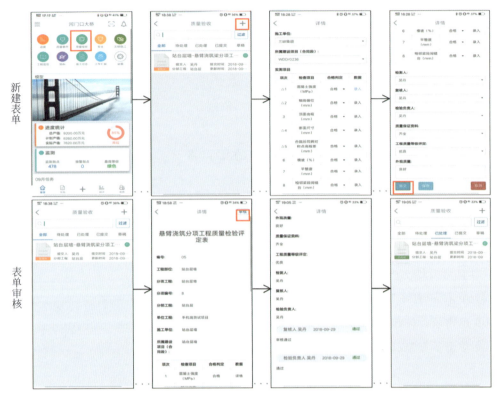

图 8-24 工序表单处理

图 8-25 模型查看

累、本周、本月、上周、上月时间来过滤来显示实际完成的进度模型；也可以按照计划的开累、本周、本月、下周、下月时间来过滤来显示计划完成的进度模型。单击右上方"重置"按钮，可以显示全部模型。单击左下方"视点"按钮，可以保存当前观看模型的视点，保存后也可以分享给其他用户。选择某一个构件，可以查看与其相关联的构件基本属性、相关文档和相关事件。

3. 事件

1）发起事件

手机端发起事件一共有4种方法：①在BIM模型中选中某一构件，然后单击下方"创建"按钮；②在平面图某一位置上长按；③在主界面单击下方"＋"按钮；④在查看不同类型事件列表界面单击右上方"＋"按钮。

填写后各类事件或跟踪的详细信息后，单击右上角"发送"按钮即可。其中，只有第③、④种方式才能发起进度类事件和物料跟踪。

2）查看/处理事件

在事件分类列表或者主界面单击事件，可以查看该事件的详情（图8-26）。单击事件详情右上角"处理"按钮，可以回复、处理事件。单击右上角"…"按钮可以撤回（至草稿箱）或者终止事件（仅限发起人）。

图8-26 事件查看和处理

4. 进度

1）查看进度详情

在主界面单击"进度"按钮进入分部分项的列表（图8-27），单击某一条进入查看该分部分项的详情及工序步骤，在上方任务详情选择"查看BIM模型"功能按钮可以查看该分部分项关联的构件。

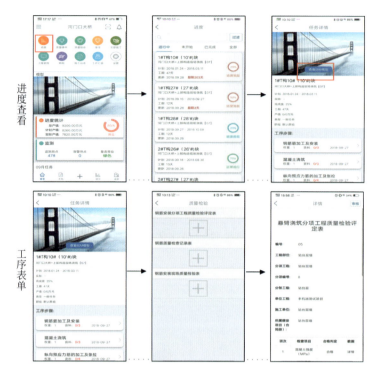

图 8-27 进度查看

2) 工序表单

单击进入某条工序步骤,选择需要填写的表单。

5. 监测

单击报警点,可以查看该测点的详细信息,包括数据分析、与之关联的报警事件、预警记录、报警记录、基本属性。

在监测模型中,单击"监测"按钮可以查看所有测点(图 8-28)。单击某一测点,可以在模型中快速定位该测点,单击下方的 5 个功能按钮,同样可以查看该测点的详细信息,包括数据分析、与之关联的报警事件、预警记录、报警记录、基本属性。

8.4.3 辅助性功能

辅助性功能主要包括文档管理、统计管理、成员管理、扫一扫、工作汇报、施工日志、消息中心、设置中心等(图 8-29)。

1) 文档管理

在文档界面可以查看所有相关文档。

2) 统计管理

可以查看工程概况、任务汇总(包含质量、安全、文明施工事件),事件子类型统计可以调整升序(↑)或者降序(↓)查看。

8.4 乌东德BIM工具手机端

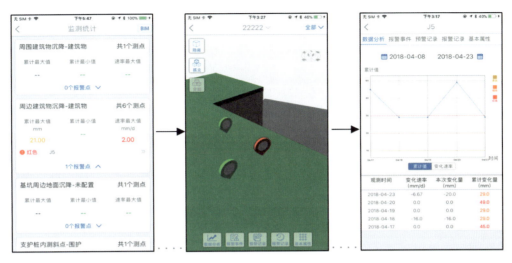

图 8-28 监测

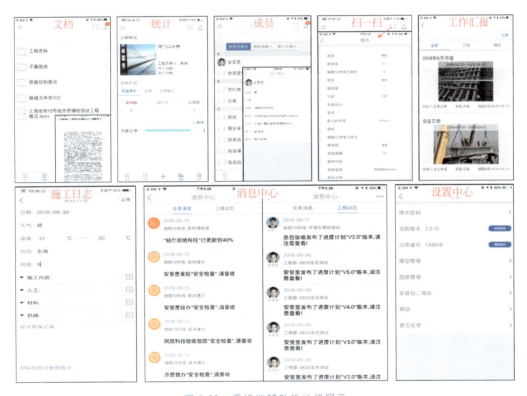

图 8-29 手机端辅助性功能展示

3）成员管理

成员模块可以查看成员列表和所有成员的详细信息。

4）扫一扫

单击主页右上方"扫一扫"按钮，选择查询信息，然后扫描二维码可以查看该构件的详细属性信息；选择模型定位，扫描后可以查看该构件的位置信息。

5）工作汇报

在工作汇报列表单击图片,可以查看某一条工作汇报的详情。

6）施工日志

单击工程首页上方"施工日志"按钮,进入日志列表后可以查看"全部日志"或者"我发起的"。单击右上角"+"按钮进行创建施工日志操作,按照实际情况填写相关必填项,选择公开/私密。

7）消息中心

消息中心可以查看所有任务消息和通知,右上角"…"按钮可以将所有消息标记为已读状态。

8）设置中心

在设置界面可以修改账号密码,在线更新软件版本,清理缓存,删除已下载的模型或者图纸,分享 App 的二维码,查看帮助信息,反馈意见。击右上角"铃铛"按钮,可以查看所有任务消息和通知。

参考文献

张建平,张洋,张新.2008.基于 IFC 的 BIM 及其数据集成平台研究[C]//第十四届全国工程设计计算机应用学术会议论文集,236-241.

第 9 章

BIM项目管理工具建设案例

运用 BIM 技术实施水电工程项目建造和职能管理,必须个性化研发 BIM 工具系统,这是由于水电工程项目的特点决定的。本章首先介绍了乌东德工程对外交通的红梁子大桥项目;其次论述基于 BIM 的红梁子大桥建设管理系统,以及项目范围、进度、成本和质量管理的具体应用情况及效果。

9.1 项目概况

红梁子大桥是乌东德工程对外交通的重要组成部分,在建设过程中,由于安全风险大,一直没有实施,为了不影响对外交通按时投入运行,采取一段短隧道临时替代大桥实现通车要求。随着工程建设的推进,物质运输量逐步增大,重大件通过段隧道存在交通安全隐患,而且转弯十分不便,同时作为地方公路路网的构成,建筑标准有一定要求。因此,业主决定将大桥完建,重新开始施工,图 9-1 为红梁子施工图。

桥梁布置为 1×45m 钢筋混凝土拱桥,桥宽 8.5m,桥长 56.836m。大桥主要由桥台、主拱、腹拱、桥面结构、防护栏和标识等组成,工程包括边坡开挖与支护、桥台开挖、基础处理、桥梁结构工程、桥面铺装工程等。工程投资 400 万元,主要工程量包括岩石开挖、混凝土、钢筋钢材,计划工期 14 个月。其中准备工期 3 个月,边坡工程 8 个月,桥梁工程 3 个月。

根据现场工程枢纽等建设需要,制定了大桥施工管理要求:质量达标,不出安全事故,费用不超支,进度适当宽松。红梁子桥作为一个应用实例,应用 BIM 管理平台进行项目建设管理。为了保障现场施工信息的采集及时准确,在 BIM 项目管理工具之外,开发了质量验收表单 App 应用,现场管理人员通过手持 AiPAD 录入质量数据,进行鉴证,再将施工管理 App 系统中表单信息推送至 BIM 平台中。同时为了发挥 P6(Primavera 6.0,美国 Primavera System Inc. 公司研发的项目管理软件)软件先进的功能,在 BIM 平台与 P6 之间

图 9-1 施工中的红梁子大桥

建立了数据传输通道,可以将 P6 导出的工作分解结构、作业进度计划导入平台中。

9.2 系统设置

红梁子大桥结构 BIM 模型如图 9-2 所示,包括 3D 视图展示、备注信息修改、模型管理、3D 视图设置等功能。3D 几何模型建立后,利用模型管理模块用于上传各阶段模型以及模型视图设置。模型在上传平台前需要进行轻量化处理。在上传模型界面,上传已经轻量化后的模型文件。权限用户单击"上传文件"按钮,在上传模型界面首先选择模型所属阶段为施工阶段,然后添加各个专业的备注信息,上传完成后,进入模型管理模块,上传算量文件,最后进行 3D 视图的设置。

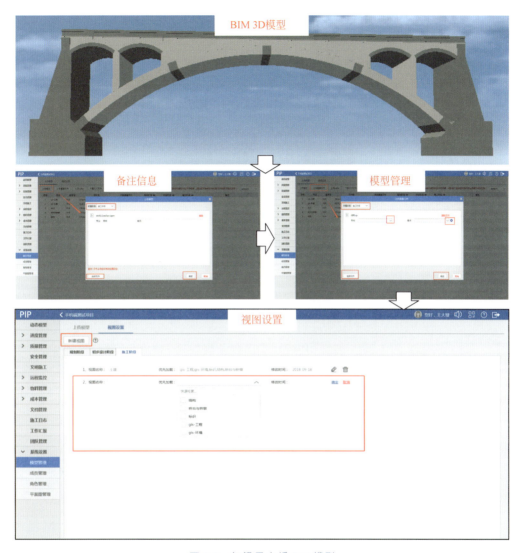

图 9-2　红梁子大桥 BIM 模型

9.3　项目范围管理

根据项目情况和管理要求,项目部制定了项目管理计划,明确项目任务目标,将工程启动、边坡开挖与支护完成、桥台开挖和基础处理完成、主拱圈完成、腹拱完成、桥面结构完成、标识完成、工程竣工作为里程碑计划的节点。按照公路工程项目划分要求进行项目划分与编码,编制控制性进度计划,提出质量控制标准。相应对环保水保、施工安全提出要求。

在平台中定义企业项目结构(EPS)、组织分解结构和工作分解结构,并根据工作分解结构建立 3D 模型。在 3D 模型方面,采用了视频影像融合方法,平台用户可以真实地了解到工程形象进度和现场施工情况。

红梁子大桥作为一个单位工程项目,根据项目特点分为边坡工程、桥台基础开挖、桥梁工程三部分,其中桥梁工程是BIM建模的主体。BIM建模从零件开始,再到部件,然后组装成整体,与工作分解结构相对应。工作分解结构最末一级工作包就是BIM模型的零件,是可测量的交付成果,工作包再分解为活动(作业),单项活动不构成可交付成果,只能作为过程记录,所有活动按标准完成,组成的工作包代表的成果即达到可交付要求。考虑到边坡工程单独实施,不纳入项目管理范围,最终分解的工作分解结构如下:最顶层是红梁子大桥,第二层分别为开挖、拱座、主拱圈、腹拱、背墙、侧墙等,第三层按照位置和施工作业组织逻辑再细分为工作包,见图9-3。

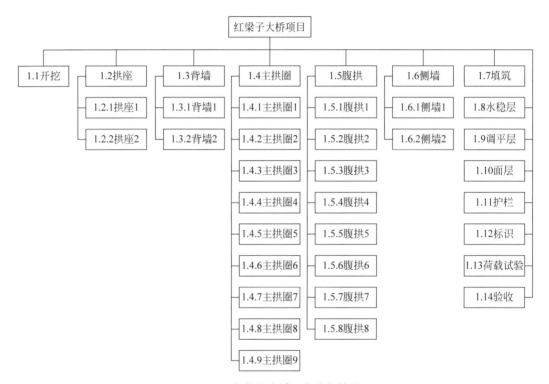

图9-3 红梁子大桥工作分解结构

9.4 项目进度管理

红梁子大桥是钢筋混凝土拱桥,主要是钢筋混凝土工程,活动围绕钢筋混凝土施工展开,可以定义活动为钢筋制作、钢筋安装、模板安装、混凝土浇筑、验收,根据工程量大小及材料供应情况,估算各项活动的持续时间和资源配置要求。

建立进度模型,分析这些活动,基本是依次开展,为顺序衔接,逻辑关系为完成开始,即FS关系。作业之间的逻辑关系建立后,再结合工作分解结构,建立工作分解结构节点之间的逻辑关系,从而形成基本进度模型。运行 BIM 管理工具的进度编制模块,经过迭代调整,形成项目实施的进度计划,包括里程碑计划、控制性进度计划、实施进度计划。

项目实施过程中,在平台内是以质量验收表单为基础驱动进度更新的。对于分部分项工程,是以质量验收表单创建作为实际开始时间,表单通过最终审核作为实际完成时间。在平台内开发了支持多角色的工作流引擎,做到了表单的流转跟踪和待办提醒。

对于现场发现的质量事件、安全事件、不文明施工事件等,可以通过自定义事件流程流转给他人,并做到及时督促闭合。

平台提供了一套标准化工程字典,包括施工日志、质量验收表单、工作汇报模板等,大大减少了重复工作量,特别是录入工作。

质量验收表单驱动进度更新,进度更新驱动模型更新。平台内提供精细的 3D 模型,在不同数据日期下,通过模型算量可以得到当前已完工程量、剩余工程量。工程实施过程中,定期进行统计,有现场作业人员上传施工日志,BIM 系统从施工日志识别关键信息进入系统数据库,监理工程师和项目管理人员对数据进行检验纠正。

工程所在地气候分为雨季和旱季,每年的 5 月份至 10 月份为雨季,10 月下旬至次年 5 月为旱季。雨季降雨量占全年的 80% 以上,降雨频繁,平均每周至少降雨一次,且大到暴雨居多,有时一个降雨过程持续一旬左右,降雨除了影响混凝土工程施工外,还经常引发滑坡、泥石流等地质灾害,存在安全风险。旱季阳光充足,降雨极少,温度适宜,地灾风险小,是施工的最佳季节。需要关注的问题是传统的春节恰好处在旱季的中间时段,不易组织人力资源施工。综合分析,红梁子大桥的结构部分基本属于钢筋混凝土工程,为保证浇筑质量,安排在旱季施工为宜,边坡工程要避开滑坡和泥石流风险,也应尽量安排在旱季完成,基础开挖处理则可以全年施工。因此,将红梁子大桥工程分为两段安排,第一阶段完成边坡工程和基础开挖和处理,安排在第一年雨季结束时开工,第二年雨季结束前完成,其中边坡工程在雨季开始前完成,在第二年旱季到来时,开始桥梁结构施工。这样安排,既规避安全风险,有利于保证施工质量,施工强度相对均衡,施工资源组织相对单一。由此确定工程的里程牌计划,工程持续时间(总工期)19 个月(图 9-4)。

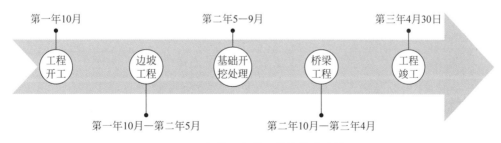

图 9-4 红梁子大桥工程里程碑计划

根据乌东德工程的总体部署,红梁子大桥工程于 2018 年 10 月开工,首先进行边坡工程施工。边坡工程以红梁子沟分为左右两部分,其中右侧边坡高度 110m,包括岩石开挖、岩石锚杆、喷混凝土工程,设计开挖总量 $1.5 \times 10^4 \mathrm{m}^2$ 左右,按照以往工程经验,4 个月时间可以宽松完成。由于坡度陡峻,岩石卸荷强烈,施工道路布置困难,工程进展缓慢。工程进行到雨季来临前,实际工期 8 个月,完成 690 挣值,比计划的 800 少 110(表 9-1),实际完成量只有计划的 86%。原本宽松的工期已经开始吃紧。项目柱状图及累计曲线见图 9-5。

表 9-1 红梁子大桥产值计算表

时间	挣值(EV)	成本(AC)	计划值(PV)
2018/10	100	100	100
11	100	100	100
12	100	100	100
2019/1	80	110	100
2	60	100	100
3	80	100	100
4	80	100	100
5	90	100	100
合计	690	810	800

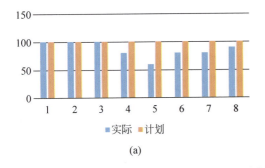

(a)

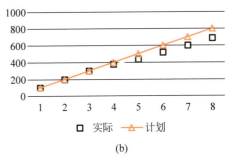

(b)

图 9-5 红梁子大桥建设进度统计

(a)红梁子大桥进度柱状图;(b)红梁子大桥进度累计曲线

利用 BIM 平台的分析功能,计算得出,$CV = 690 - 800 = -110$,$SPI = 690/800 = 0.86$。如果将工期顺延,势必影响乌东德水电站工程的总进度,这是大家都不愿看到的,而要将工期赶回来,则必须增加投入,项目部处于两难境地。

顺延工期:现在工期滞后$(800-690)/SPI = 1.3$ 个月,即如果绩效不变,要把当前的计划量完成,还需要 1.3 个月,后续工作还要进一步延后,总工期延误将大于 1.3 个月。

桥梁工程实际开工要延后 1.3 个月以上,如果不提交绩效指标,预计 2020 年 6 月底才能完成。这时已经进入雨季有 1 个月时间,如果考虑雨季可施工天数只有旱季的一半,实际完工日期还要再推迟,偏差会随着时间推移越来越大。项目实施受环境变化的影响大。

根据边坡的实际情况,对桥梁工程的进度计划进行调整,将开始日期确定为 2019 年 12 月,完工时间规定为 2020 年 5 月底,同时对施工方案和资源投入进行了重新规划,以适当提高生产率,确保在雨季到来之前完成。

从 2019 年 12 月初开始执行新的计划,监控数据显示,工程进展顺利,情况正常,进度和成本费用均符合调整的进度计划的预期。工程按计划停工至 2 月底。但 2020 年新冠肺炎疫情出现,春节后复工受到影响,工人不能按计划到位,实际 4 月初才复工,比原计划又推迟 1 个月。因此,再次调整实施进度计划,顺延 1 个月,将完工日期推迟到 2020 年 6 月底。同时,由于疫情影响,物质供应不到位,骨干人员不能全部到位,施工效率下降,必须改进施工方法,增加资源投入。为解决混凝土供应问题,增设了一座小型拌和楼,同时增加 30 人运维该拌和楼。新增了设备和运行人员主要的费用,另外,因桥梁施工延期,同等增加这部分工人的报酬。

第二次调整计划在 2020 年 4 月开始执行,6 月底完成,比较原计划和实际完成情况,原计划在雨季到来之前完成的总体目标没有完全实现,但不造成重大影响,项目的功能基本实现。两次计划的调整,从原因上来说,第一次属于管理不到位,第二次属于不可抗力。计划的调整,除了时间调整外,还涉及施工方案的变化、资源投入的变化及成本费用的增加。

9.5　费用控制

资金流、进度状况、BIM 形象对比、挣值计算、里程碑节点评价、政策与策略(容许延误,不许增加费用)等均关系到项目费用控制。

BIM 平台内目前数据采集主要包括两方面:一是施工日志的录入,采集资源数量;二是质量验收表单的录入,采集质量数据和进度数据,通过施工 App 现场填写表格和签署,并根据需要采集图像,使用无线传输方式上传数据至 BIM 平台。为了确保数据真实性,施工定位系统保证了数据时间的真实、地点的真实,BIM 模型和现场图像的混合现实功能保证了事件的真实,避免因为表格在后方办公室签署带来的误差。

质量验收表单方面,平台开发了和施工管理 App 的接口,将施工管理 App 中的质量验收表单信息推送至平台,另一方面将质量验收表单的日期数据根据单元编码进行汇总,驱动进度更新。

平台具有资源分类汇总的功能,在指定时间段可以查看指定资源类型的数量,资源数据采自施工日志。

BIM 平台的数据分析功能,可以为管理者提供定期的数据报表,以便进行项目状态的评价和趋势预测,在成本费用动态控制上,主要依据挣值分析结果,即通过分析已完成工作实际成本、已完成工作预算成本、计划工作预算成本等三个指标,得到成本偏差和进度偏差值,定义

成本偏差(CV)=已完成工作预算成本－已完成工作实际成本

进度偏差(SV)=已完成工作预算成本－计划工作预算成本

则根据 CV 和 SV 值的不同组合,得出项目的九种状态。任何项目团队都希望项目状态处在 CV 和 SV 都大于零,即项目进度比计划提前,而成本费用小于预算。这是最理想的状态,现实生活中极少出现。最差的是 CV 值和 SV 值均小于零,即成本超预算,进度延误,这种状态是要极力避免的,也是项目管理的主要工作。首先是要根据项目的绩效要求确定统计周期,及时分析预警,如果周期太长,可能失去控制偏差的最佳时间点。

红梁子大桥至 2018 年 10 月份正式开工后,每一周进行一次统计,每一个月做一次项目评估和制定纠偏措施。成本费用支出跟踪统计情况如表 9-2 所示。

表 9-2 红梁子大桥成本费用支出跟踪统计情况表

时间	挣值(EV)	成本(AC)	计划值(PV)
2018/10	100	100	100
11	100	100	100
12	100	100	100
2019/1	80	110	100
2	60	100	100
3	80	100	100
4	80	100	100
5	90	100	100
6	20	20	20
7	20	20	20
8	20	20	20
9	20	20	20
10	50	100	100
11	60	100	100
12	100	100	100
2020/1	80	110	100
2	0	30	100
3	0	50	100
4	160	190	100
5	180	200	
6	180	220	
合计	1580	1990	1580

在项目范围没有变更的情况下,只要预算单价不变,挣值和计划值的总量是一致的。

从图 9-6 可以看出,在 2018 年 12 月份之前,项目进展十分顺利,挣值原理的三条曲线重合,表明项目的进度和成本费用完全按照计划运行,进入 2019 年后,成本仍然每月以原计划值支出,但挣值小于预算,开始出现剪刀差,至 2019 年 5 月底,$EV=690$,$PV=800$,$AC=810$。这时:$CV=-120$,$SV=-110$,均为负值,表明费用超支,进度拖延,是最差的状态。费用绩效 $CPI=690/810=0.852$,进度绩效 $SPI=690/800=0.862$,均小于 1,表明资源效率低于预期。出现这种情况的原因有三个方面：一是计划不合理,脱离实际；二是过程管理不到位,资源效率没有充分发挥；三是不可抗力。上述三个方面的一种或者集中组合都能导致项目偏离计划。

新冠肺炎疫情始于 2019 年 12 月初,从 2020 年 1 月份大规模蔓延,1 月 22 日开始武汉封城,随后全国采取不同程度的管控措施,内防扩散,外防蔓延,交通停运,市场关闭,学校停课,工厂停工,正常的生产生活秩序全部打乱。

红梁子大桥在新冠肺炎疫情爆发之前,已经由于边坡工程延误而偏离了原计划,新冠肺炎疫情影响使项目执行发生了进一步偏离。从图 9-6 可以看出,从 2019 年 6 月至 9 月底,偏差平行移动,三条曲线斜率一致,剪刀差没有扩大,表明进度绩效和费用绩效恢复到计划值,这是一个非典型偏差。

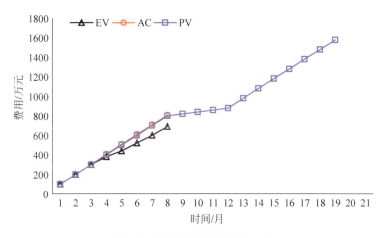

图 9-6　2019 年雨季前挣值曲线

当时间进入 2019 年旱季,工程要继续完成剩余的边坡支护,由于要恢复到雨季之前的施工状况,工序反复转换,生产效率下降,经过两个月施工,完成了边坡工程,从 2019 年 12 月初进入大桥结构施工阶段。12 月份施工符合计划,进入 2020 年 1 月份,上中旬仍然正常施工,下旬受传统春节假期的影响,工程进度滞后,成本费用略有增加。但之后情况发生重大变化,春节后复工推迟到 2020 年 4 月初。

工程进行到 4 月底,这时的 EV=1220,AC=1570,PV=1580。CV=−350,SV=−360。CPI=0.777,SPI=0.772。进度绩效下滑严重,只有计划的 77%,费用绩效也不理想。如果 CPI 保持不变,完工尚需 ETC=(BAC−EV)/CPI=(1580−1220)/0.777=463。预计完工预算 EAC=AC+ETC=1570+463=2033,预计超支 29%,见图 9-7。

为了尽可能在雨季到来之前完工,项目部需要加大投入,改进方案,应用先进技术,大幅调高生产效率。调整方案以后,项目于 2020 年 6 月底完成,实际工期延误 2 个月,完工时成本 1990,比原定预算多出 410,约为 26%,而比调整预算 2033 少,说明项目管理活动产生了效益,见图 9-8。

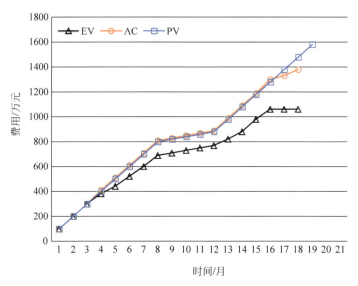

图 9-7　2020 年新冠肺炎疫情后挣值曲线

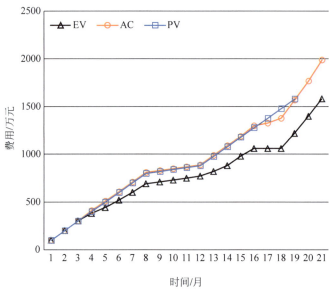

图 9-8　项目完成时挣值曲线

9.6　质量管理

　　BIM 功能系统中,质量管理功能模块和安全管理功能模块增加了质量事件和安全事件两个功能。现场某一个单元出现了质量事故或缺陷,可以在 BIM 系统平台中上报事件,随着事件整改进行,BIM 平台将随事件处理同步录入,录入的内容包括事件发生的时间、部位、事件详细描述、整改方案、整改效果、整改评价、整改全过程影像资料等,直至事件整改闭合完成。事件整改完成后,事件可以在 BIM 模型中特别显示,可供 BIM 查阅人员随时还原事件的全过程。同理,安全事件亦是如此。

第 10 章

认识与思考

基于对 BIM 技术的理解、乌东德水电站工程的实践以及对国内外其他水电工程的应用调研,从组织文化发展、项目管理内容、团队建设和信息化技术支持等方面,本章总结八点认识和八点思考,希望能抛砖引玉,供水电工程建设的管理者和读者参考。

10.1 认识

认识一:构建核心价值(core value,CV)、行为规范(code of conduct,CC)、形象识别(corporate identity,CI)一体化项目管理组织文化

一体化项目管理组织文化包括三部分:一是核心价值观,也就是面对事务时的价值判断和采取行动的原则,哪些事重要、哪些事优先、哪些事禁止、哪些事鼓励等,最好能够在组织中明示。二是行为规范,也就是做事的方法,行为规范是为核心价值服务的,也要明确禁止事项。三是形象识别,是核心价值观的外在表现。三者之间的关系不是并列的,是以核心价值观为中心的同心圆,从里向外的关系(图 10-1)。三部分内容都有文件形式的明文规定,也有约定俗成的习惯做法,都是需要遵守的显规则和潜规则。对项目管理而言,组织领导者一定要旗帜鲜明地宣示组织的价值观,是组织制定制度的思想基础,只有统一的价值观,才会形成组织的执行力,提升组织绩效。

在项目初期快速创建独特的项目文化,在组织内形成强烈的团结意识和自豪感,是项目成功的重要基础。项目在全生命周期内,始终是在时间、预算、绩效三要素约束之下,任何一个要素的变化,都会导致其他要素的变化,项目管理的任务就是努力使这三要素达到预期,绩效优越、时间缩短、费用节约是追求的目标。如果将这三要素定义为所围成三角形的三边,这个三角形的面积就是项目的目标,竭尽全力让这个三角形的面积最大化就是项目组织的价值取向。当环境不确定性和资源的短缺性在项目的过程中出现时,不可避免地

图 10-1　一体化项目管理组织文化同心圆

要对三角形的某一边产生影响。比如预算发生了短缺,在时间不变的条件下,那么就必定要在绩效上有所损失;反之,绩效不变,则需要牺牲时间。那么,究竟是损害绩效还是牺牲时间,不同的项目组织的价值观就会做出不同的项目决策,这就是项目组织文化的作用。

先进的组织文化,可以确保项目的目标实现,同时支持公司的业务战略和可持续发展,因此创建项目组织文化时必须以是否符合企业战略为前提,以组织的使命为最高追求,要培育管理的竞争力,要持续进行知识和技能管理,要鼓励创新,要宽容失败,同时要反对官僚主义的不作为和乱作为,反对本位主义局部利益对整体利益的损害,反对权力斗争现象对组织力量的削弱。

认识二:明确项目在组织战略中的地位是项目管理工作的前提

项目集管理就是管理项目,项目组合管理是对一组项目、项目集、其他工作的管理,目的是促进有效的管理,以便实现企业的战略。项目集是一组相关联的项目,为获取收益而以协调的方式管理和控制项目,项目集可以包括游离于项目范围外的相关工作。单个项目管理的目标与项目集的目标不一致时,则需要项目集管理来加以协调。项目集管理的三个主题,即收益实现、项目优先级、资源共享。

认识三:创造拥有一个强大的愿景、一个明确的目标定位、建立各方强有力的承诺并能选择最佳执行方法的项目团队

优秀的项目团队致力于创造一个强大的愿景、明确的目标定位,建立各方强有力的承诺,并选择最佳执行方法,能够获得高层管理人员无条件支持,能充分利用现有知识,经常与外部组织、供应商和客户合作。开发团队具有快速解决问题和适应业务、市场、技术变化的能力。

优秀的团队要正确认识和制定目标和目的。目标是通向目的地路线上的路标,具有具体的、可预期的、可实现的特征;而目的则相对抽象、遥远,只有一个一个目标达到了,才能最终实现目的。成功的项目具有相似的条件和特征：在达成项目目标的同时，使团队获得独特的竞争优势，为项目相关方创造特殊价值，获得超值回报。

认识四：组织领导者应是复合高素质领军人才

项目组织的领导者需要具备超出常人的能力、素质，包括处理人际关系的能力、处理技术问题的专业能力、具体问题抽象化的概念思维能力、一叶知秋的洞察力、举一反三的学习能力、复杂问题简单化的归纳能力、创新性思维能力。项目组织的领导者确立本组织统一的宗旨和方向。他们应该创造并保持使员工能充分参与实现组织目标的内部环境。尤其是面对 BIM 等新型信息化技术引用到项目管理中，要求组织领导者深入了解新型管理方法、管理内容能给项目带来什么、需要哪些新技术支撑及能否实现，需要组织领导者兼具技术知识、项目管理知识和管理的情商。

认识五：构建项目管理"三分三合"的内容结构

就管理的主要工作而言，其实质就是计划、组织、指挥与控制。项目管理就是按照约定的时间、事先明确的标准、在预算的费用完成项目任务，在项目管理的过程中，时刻进行计划、组织、指挥与控制的工作。如何做好项目管理工作，核心就是把握好管理的"三分三合"。

"三分"即分解、分工、分配。分解就是对工作进行分解，建立工作分解结构，将项目任务分解成更细的可执行的任务，并按照项目的总体时间要求把每分解的任务安排某一时间段完成；分工就是对项目成员建立组织分解结构，将组织分解结构与工作分解结构相适应，所有组织成员在项目生命周期内清楚地知道自己所承担的任务；分配就是项目资源与项目任务进行对应配置。

"三合"则为"合情、合理、合规"，是指符合实际情况，作业方案科学合理，执行标准合规合法。

"三分"是计划与组织的具体形象，而"三合"则是对"三分"工作的要求。在"三分三合"的基础上，剩下的就是执行项目，即履行指挥与控制的职能（图 10-2）。

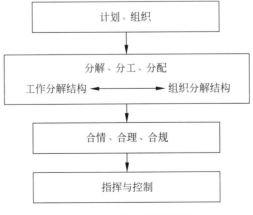

图 10-2　三分三合管理内涵

认识六：把握项目管理的"变化""匹配""有力""顺畅""适度"要义

计划工作中的"变"，组织工作中的"适"，指挥工作中的"力"，协调工作中的"顺"，控制工作中的"度"，是管理的要义之所在。变是计划的本质，计划因变而生，服务于变。组织即是将合适的工作安排给合适的人来完成。指挥的要义在于令行禁止，也就是执行力的体现，协调要理顺关系，解开疙瘩，要顺心顺气，保持通畅，顺就是其要义。控制要适度，标准符合实际，避免一捏就死、一放就飞，综合目标与资源的状况。

认识七：厘清项目计划中"应做什么""能做什么""想做什么"的关系

管理好响应时间，利用好自由时间。进度计划管理是项目工作最重要的工作，每一个项目在实施的过程中自始至终都在进行进度计划管理，进度计划的编制要投入大量的人力物力，但有相当一部分项目的进度计划管理工作处于十分尴尬的状态，一方面是计划的制定和调整，另一方面又没有在项目生产活动中执行计划，计划成了摆设，问题出在哪里？主要是项目团队对项目的理解不透所致。进度计划是对未来的一种安排，是基于有限的资源和未来的不确定性所做出的安排，是为了对未来的工作做准备，并不是对未来结果的描绘，谁也不能对未发生的事件进行描绘，只能是预计。编制计划的人员往往没有对计划的使用需求进行分析，对条件的把握不够，主要是对资源情况掌握不充分，还有的把计划简单理解为对未来工作的时间计划。当实施受到环境制约和受资源驱控时，计划与实施结果的差距就不能接受了。编制计划首先要确定用途，一般来说，如果是客户的要求，就叫总控制计划，是我们在未来"应做什么"。如果是作业队的行动计划，就是我们未来"能做什么"，受资源驱控，也受环境制约。还有一种计划是我们"想做什么"，这种计划基本就是一种凭经验的判断，与资源和环境无关，大多数时间进度计划就是这一类，而这一类在项目组织普遍存在。

认识八：基于 BIM 的水电工程项目智慧化管理是实现项目高效协同、降本增效、价值创造的保证和基石

信息化乃至项目管理的智慧化是工程项目管理的发展趋势。传统的项目管理方法难以进行精细化管理，数据的录入和获取效率低，数据处理较为简单，信息化程度一般不高。项目施工现场安全监管和防范手段相对落后，信息化技术未能深度融入安全生产核心业务管理中，建筑施工安全生产难以进行"智能化"监管。在智能化时代，工程项目管理应顺应潮流，合理运用互联网等前沿技术，提高项目管理效率，增强资源获取与利用。

随着人工智能的发展，建筑领域正逐步向智能建造、智慧管理方向发展，作为核心的 BIM 技术，其协调性、可视化、模拟性、优化性、可出图性、信息完备性、一体化性以及参数化性等特点正在逐渐发挥出优势。通过将 BIM 技术应用于建筑项目施工建设的各个阶段，能有效降低施工成本，减少设计变更，提高设计审批效率，缩短工程建设时间，提高建设质量。同时，智慧化的工程项目管理应解决施工现场管理难、环保系统不健全以及安全事故频发等问题，厘清不同阶段管理化管理方法的侧重点，在工程前期侧重资料收集和程序报批；施工阶段侧重工程质量、安全和进度等方面的实时跟踪，并在验收阶段侧重资料的收集整理与经验总结。管理者就可以全方位掌握施工现场全要素（人、机、物、料、环等）的数据和信息，并基于 BIM 的智能系统实现对项目现场数据的及时采集、传输、储存和分析。

10.2　思考

BIM 工具的应用，使项目管理的水平和项目实施绩效有明显提高。在项目开始阶段，通过 BIM 系统制定项目管理计划、分析施工方案、划分工程项目、进行工作分解结构分解。与传统方法比，BIM 的可视化功能使管理工作更加直观、系统、完整，在模型上还可以进行局部观察，检验施工方案的合理性，这些功能将项目管理计划制定得更加严密，指导意义更加强烈。在实施过程中，BIM 平台的强大分析功能，可以更加细致准确地评估项目当前状态，也可以适时进行项目趋势预测，分析结果可以快速获得，便于项目团队适时把握项目状态，并方便地进行方案比较，更加科学地制定政策和方案，保证项目在高效的轨道上运行。

但是 BIM 应用在标准、技术、管理等方面仍然存在一些不足。

（1）**标准层面**：政府、行业、项目单位应整体推进 BIM 的应用工作，应完善不同行业 BIM 应用的体制、规范，为深入应用 BIM 奠定基础。

（2）**技术层面**：BIM 与各应用软件之间的交互协调有待进一步加强，尤其是不同行业所在域软件间的兼容性，与欧美相比尚有差距。

（3）**管理层面**：BIM 在项目全生命周期综合应用不足，为充分发挥 BIM 优势，应当统筹管理，推行 BIM 辅助设计、指导施工、支持后期运营管理额项目全生命周期综合管理模式。

针对以上三个层面的不足，作者提出如下八个方面思考和基于 BIM 水电工程项目管理发展的趋势。

思考一：企业战略的制定

企业战略包含两方面：一是基于当前出发而要到达的终点，是一个标的物，是对远景的描绘，是企业远景的具象；二是从思想到行动的路径，是企业发展构想的落实。项目就是这条路径上的路段，包括道路、桥梁、隧道、关隘、垭口，项目管理就是驾驶运载工具在这条道上行驶的驾驶员。因此，项目和项目管理对组织实现战略目标至关重要。企业战略决定方向和目标，着重于决策和效益，项目战略寻求路径和方法，着重于选择和效率。项目管理在于行动和落实，着重于完成和绩效。

思考二：基础信息系统

基于计算机技术和互联网技术的项目管理离不开信息系统的建立运用，大多数企业和组织不同程度地开发了许多的信息系统，其中不乏运行良好并在管理中发挥巨大作用的优秀的系统：比如 TGPMS 系统，在三峡工程建设期开发，除了在三峡工程长期使用外，在基础设施建设的其他领域得到广泛应用，如机场建设等；又如智能建造 iDAM 系统，很好地支撑了溪洛渡、乌东德、白鹤滩等巨型水电工程的精品工程建设，也逐渐成为行业智能建造的标杆。但也有相当多的信息系统开发完成就成为运行的终点，主要原因在于开发者主导了开发过程，使用者在系统形成后才发现重大缺陷而导致无法推广应用。

信息系统发挥作用的基础是基础信息采集，按照管理的精度，采集的及时性和准确性是关键，本书提出的施工日志，其内容包括人工数量和工种、机械种类和数量、材料种类及数量、当天施工内容等信息，这些信息是底层的数据采集，是项目信息化管理的基础。

思考三：企业装备 BIM 工具的意义

2016 年，"工匠精神"首次出现在政府工作报告中，鼓励各企业培育精益求精的"工匠精神"。"工欲善其事，必先利其器，器利而后工乃精"，任何国家、任何时代的匠人都必须拥有其得心应手的工具，而 BIM 管理工具正是这一时代属于建造工程师自己的管理工具、思维工具、决策工具。

以工程建设管理为主营业务的企业，应积极打造好 BIM 这一工具，以提升自身核心竞争力，进而在实际工程项目管理中积极使用 BIM 工具，更好地解决工程管理中遇到的问题。在打造和应用 BIM 工具的过程中，应特别强调"业主主导"，这是因为：一方面，业主管理团队能力将直接影响管理深度，而每个参建方的工作习惯与方式不同，应当利用 BIM 平台形成一种通用的项目管理模式，以保证项目协同的多个参建方形成统一，实现实体管理与虚拟建造管理并行。另一方面，对于业主来说，BIM 工具最后的落脚点应该是信息的管理与利用，即 BIM 平台建成以后，实现用数字化的模型来管理真实的工程，从而将过程信息有效应用于最终的运维管理环节。

思考四：企业内设立 BIM 专门团队的必要性

BIM 系统作为一个工作平台，既是一个管理工具，同时其本身也是一个产品。这一先进工具产品的打造涉及多方跨专业知识，包括工程、管理、信息技术与产品交互设计。需要一支长期稳定的、强有力的 BIM 团队的支持与保障，这支队伍既需要由集团内部的项目管理人员、信息化人员组成，也需要外部供应商与开发人员、设计院人员、施工单位人员等参与。在 BIM 引入和应用的初期，可借助外部 BIM 力量共同实施。但着眼于自身发展需要，在项目实施过程中，采取抽调业务骨干或培训等不同方式，建立自己的 BIM 团队，并通过技术培训和应用实践，逐步达到 BIM 技术和软件的普及和应用。十分有必要建立一支长期稳定的 BIM 团队。

思考五：BIM 学院存在的价值

目前业界普遍对 BIM 认识的深度和广度不够。有经验的管理者通常会根据自己以往的经验去处理问题，但这种对于过去经验的依赖可能会形成对新技术的抗拒；而年轻的员工思维活跃、对新鲜事物接受意愿和接受能力都较强,更愿意去探索不同的想法,希望"把事情做成",更愿意"把事情做好"。

以"共同参与研发"和"BIM 学院"相结合的方式,不断加深对 BIM 理念的认识。与以往建设领域信息技术的推广应用一样,从领导层、管理层和业务层都形成对 BIM 技术及应用价值统一认识,并有意愿对应用 BIM 的管理理念、方法和手段进行相应的转变。一方面,应强调各方"共同参与",研发实用、易用的 BIM 工具。根据国外学者 Davis 提出"技术接受模型"理论,人们对信息系统的态度是由感知的有用性和易用性共同决定的,很多信息系统实际应用不多,其主要原因是公司各层级参与度低,大多数信息系统是原有线下业务流程的"复制",实用性不强。因此,采用各级"共同参与研发"的方式,通过"BIM 学院方式"不断打磨 BIM 管理工具的实用性与易用性。另一方面,通过"BIM 学院"模式下的内外研发合作、技术培训、技术交流、人才培养等多种方式,使技术与管理人员尽快掌握 BIM 技术和相关软件的应用知识。

思考六:BIM 工具对传统生产方式的改变

BIM 技术的推广是对传统业务流程的优化和变革。随着生产力的高速发展,生产力将反作用于生产关系,生产力对生产关系提出新的要求。在新技术推广的过程中,BIM 技术的应用会不断对项目管理模式和工作流程提出新的要求。有研究表明,脱离了业务流程优化的信息系统的开发和实施,是造成企业信息化失败的主要原因之一。因此,应结合 BIM 应用重新梳理并优化现有工作流程,从本质上反思业务流程,改进传统项目管理方法,建立适合 BIM 应用的施工管理模式,制定相应的工作制度和职责规范,使 BIM 应用能切实提高工作效率和管理水平。

设计院、监理方、施工单位是开发应用 BIM 项目管理工具的关键参与者。一般情况下,设计院"自上而下"的 3D 设计思路,难以了解 BIM 在施工阶段的实际需求,提供的 3D 设计成果难以满足现场需求,需要现场来决定 BIM 的真实需求,所以项目管理、设计院、施工监理和施工单位各方共同参与才是 BIM 应用能够实施的关键。简单来说,就是要做服务于现场的 BIM、服务于施工监理的 BIM、服务于项目管理的 BIM。因此,从施工实施角度出发,以"自下而上"的方式逐单元、逐构件的建模,再组合成工程项目,沿着信息的需求方向,向上传递。比传统的"自上而下"方式更切合实际,更方便实际应用。

思考七:BIM 对企业 PMO 的作用

BIM 项目管理工具是企业项目管理办公室的基本工具。在竞争激烈的宏观环境下,取得成功的企业采用的是增长、发展和创新的战略。途径就是在组织内实施大量项目。以项目实施战略的企业内部需要一个处理多个项目的核心单位,即项目管理办公室,是基于绩效的考虑,在企业内优化资源配置,协调项目的优先顺序,对高质量发展具有重要意义。①在过程中监控项目绩效,向上级报告项目的情况,监测和控制项目的执行情况,开展项目后评价,进行项目审计。②制定和实施项目管理标准,包括制定和实施标准的方法论,在组织内推进项目管理等。③发展项目管理能力,提升人员竞争力,培训指导项目管理。④多项目管理,项目之间的协调,启动新项目的识别、选择和优化排序,管理一个或多个项目组合,管理一个或多个项目集,协调项目之间的资源分配。⑤战略管理,包括向上级提供建议、参与战略规划、管理收益、构建各种关系。⑥文件管理,项目文件的归档管理,实施和管理经验教训数据库,实施和管理风险数据库。⑦对客户接口的管理。⑧对项目经理的管理,包括选用和支持,为项目经理完成专业化任务等。

思考八:关于项目划分

一个工程项目从被定义开始,就要进行项目划分,并对划分的对象编码,以便进行计算机信息处理。对项目建立统一的编码体系,同时满足资产管理需求和项目管理需求,这是十分必要的,可以提高管理的科学性、精细化、准确性、及时性。在项目开工建设之前,工程项目的划分是以设计概算编制为目的逐层级进行的,一般将一个工程概算分为建筑工程投资、金属结构及安装工程投资、机电设备及安装工程投资、金属结构设备安装工程、建设征地及移民安置补偿、独立费用、价差预备费、基本预备费、建设期贷款利息。项目进入开工建设期后,首先要对工程项目管理进行规划,其中最重要的就是要对工程项目进行划分和建立会计科目。其中独立费用包括建设管理费、生产准备费、科研勘察设计费、税费及其他。无论是概算需要、会计记账需要、项目管理需要,项目均需要划分,由于需求不同,划分的原则、方式均会不同,这是正常现象,最终在顶层汇集在同一点。为了便于计划、管理、统计,是否可以还有不同的归集节点?是否在最底层就建立一致的数据源?

有两条途径可以解决问题。一种是传统思维和习惯模式下的调整,以设计概算为基础,将其体系框架向施工实施阶段延伸,在项目管理规划阶段进行项目划分和工作分解时,遵循概算编码规则,项目的组织和会计统计最终归集到概算条目之下。另一种方式是按照PMBOK的理论方法工具,从企业项目结构开始逐级进行划分,最底层为项目的活动,可以直接以预算执行进行统计的最小管理对象。从作业层人工费、材料费、机械台班费和其他费用开始统计,与会计科目相协调,关键是最末一层的工作分解结构划分和活动的定义。

10.3　结语

基于BIM的水电工程管理实质是将BIM的技术架构和扁平化可视化的运行方式、行为准则全面运用到水电工程建设复杂的项目管理实践,两者交互作用、协调发展。目前,我国在进行BIM技术应用的过程中仍存在行业体制不健全、标准不完善、缺乏协同管理和全生命期集成等问题,需从国家和行业层面健全相关标准法规,并不断增强BIM系统软件的兼容性,促进BIM在水电工程项目全生命周期的综合应用。

随着5G、人工智能、工业互联网和物联网等新技术的发展正在给数字经济带来更多可能,未来国家要在数字基础设施建设,以及原始创新的研发上给予引导和支持,同时要为数字经济提供更多的应用场景,提升公共服务水平。当前,结合国家"十四五"规划和2035年远景目标中涉及的推进新型基础设施、新型城镇化、交通水利等重大工程建设,实施川藏铁路、西部陆海新通道、国家水网、雅鲁藏布江下游水电开发等重大工程建设,利用好BIM技术尤其重要,也是未来智能建造、智慧管理的发展方向。